Helmold

Resilientes Lieferantenmanagement

Marc Helmold

Resilientes Lieferantenmanagement

Leitfaden, Werkzeuge und rechtliche Rahmenbedingungen

HANSER

Bibliografische Information der Deutschen Nationalbibliothek:
Die Deutsche Nationalbibliothek verzeichnet diese Publikation in der Deutschen Nationalbibliografie; detaillierte bibliografische Daten sind im Internet über <http://dnb.d-nb.de/> abrufbar.

Print-ISBN 978-3-446-47336-2
E-Book-ISBN 978-3-446-47436-9
ePub-ISBN 978-3-446-47614-1

www.hanser-fachbuch.de
Lektorat: Lisa Hoffmann-Bäuml
Herstellung: Carolin Benedix
Satz: Eberl & Koesel Studio, Altusried-Krugzell
Coverrealisation: Max Kostopoulos
Titelmotiv: © stock.adobe.com/Corona Borealis
Druck und Bindung: CPI books GmbH, Leck
Printed in Germany

Liebe Leserinnen und Leser, liebe Kolleg:innen,

Wir leben in einer scheinbar ungeordneten Welt, in der um Einfluss, Macht, Geschäftserfolg und Sicherheit mit allen Mittel gekämpft wird. Das macht es für alle Mitarbeitende und vor allem für die Verantwortung tragenden Führungskräfte schwer, vorausschauend richtig zu analysieren, zu antizipieren und Entscheidungen konsequent zu treffen und umzusetzen.

Marc Helmold möchte mit diesem Buch die Struktur, das Vorgehen und die Umsetzung für einen der wichtigsten Prozesse in der Unternehmensführung, dem Lieferantenmanagement, darstellen und eine praktische Anleitung für die Umsetzung eines zielorientierten und klar fokussierten, resilienten Lieferantenmanagements geben.

Jede Generation hat von sich behauptet, in schwierigen Zeiten zu leben. Heute gibt es andere Herausforderungen zu bewältigen als vor dreißig oder zehn Jahren. Klimawandel, Digitalisierung, Fake News waren bei meinem Eintritt in die Arbeitswelt kein Thema. Aber Versorgungssicherheit, eine funktionierende Lieferkette und die qualitätsgerechte Bereitstellung aller notwendigen Produkte und Dienstleistungen waren immer essentiell. Ziel der gesamten unternehmerischen Wertschöpfung ist der zufriedene Kunde und ein zukunftssichernder Kapitalertrag.

Wenn dieses Unternehmensziel, die notwendigen Aufgaben und die zu tragende Verantwortung jedes Mitarbeitenden in den verschiedenen Ebenen klar definiert sind, kann das Unternehmen erfolgreich sein.

Das trifft auch vollumfänglich für das Lieferantenmanagement zu. Lieferantenmanagement beginnt eher, als viele Manager glauben. Nahezu alle Bereiche und Abteilungen einer Firma nehmen bewusst oder leider manchmal unbewusst an diesem Prozess teil. Das beginnt mit der Produktentwicklung, der Planung, der Technik, der Produktion und geht bis zum Vertrieb. Selbstverständlich trägt die Beschaffung die Hauptverantwortung für die Definition der strategischen Elemente des Lieferantenmanagements, für die operative und taktische Prozessstruktur und deren Umsetzung mit allen Beteiligten. Die strategischen Richtlinien habe ich mir in meiner Tätigkeit als Einkaufsleiter und CPO stets vom Top-Management bestätigen lassen, die operative Umsetzung habe ich immer mit allen Schnittstellenpartnern diskutiert und dann einvernehmlich festgelegt. Das gibt allen Sicherheit, sich nicht in einem undefinierten Prozess zu bewegen und regelt dann auch Entscheidungsbefugnisse und Eskalationspfade. Selbstverständlich sind dabei auch Kostenziele und Preise zu berücksichtigen.

Je besser dieser Prozess von allen durchdrungen, strukturiert und organisiert ist, umso eher können die Ziele erreicht werden. Es gilt Situationen von höchster Komplexität und Dynamik zu antizipieren, zu prognostizieren, zu analysieren, um diese dann zu bewältigen. Der Einkauf hat dabei ganz klar das größte Schnittstellenumfeld intern wie extern zu betreuen und zu managen.

Sicherlich kann man nicht jedes Ereignis in einem volatilen Markt vorhersehen. Aber man kann durch die vorhandenen Daten, das Netzwerk aller Beteiligten und durch klar ereignisbezogene Aufgabenstellungen Risiken minimieren und Handlungsempfehlungen vor Eintritt erarbeiten, diskutieren und strategische Prioritäten setzen.

Dass der Suezkanal durch einen Frachter für Wochen verstopft wurde, war sicher nicht vorhersehbar. Dass aber Schiffstransporte aufgrund von Unwettern, Unfällen, Piraten o. Ä. nicht das Ziel erreichen und eine Lieferung dringend benötigter Ersatzteile dann fehlt, sollte ein gut geführter Einkauf schon mal durchgespielt und gemeinsam mit seinen Zulieferern ein Notfallkonzept in der Warengruppenstrategie festgelegt haben.

Den Markt mit den potentiellen Anbietern der benötigten Produkte oder Dienstleistungen umfassend, möglichst weltweit, zu analysieren und die Anforderungen des eigenen Unternehmens bekannt zu machen, ist die erste Phase eines geschlossenen Lieferantenmanagementprozesses. Wer will, wer darf, wer kann Lieferant für uns sein? Das ist eine der ersten Fragen im Auswahlprozess. Dabei steht die Anerkennung des Code of Conduct als Voraussetzung für die Aufnahme von Geschäftsbeziehungen. Wenn die technischen und qualitativen Anforderungen klar sind, kann man in Vertragsverhandlungen treten und kommt so zu einer belastbaren vertraglichen Basis. Lieferantenmanagement muss natürlich in das strategische Finanzmanagement des Unternehmens eingebunden sein. Auch dafür gibt Marc Helmold hilfreiche Hinweise und Empfehlungen.

Auch wertebezogene, moralische und ethische Aspekte sind vertraglich regelbar. Wir brauchen ein reales Bild der Leistungsfähigkeit des Lieferanten, bevor wir uns in vertragliche Abhängigkeiten begeben. Deshalb ist es auch notwendig, diese Leistungsfähigkeit permanent zu messen und dem Lieferanten zu spiegeln. Eine regelmäßige und klare Kommunikation hilft dabei beiden Seiten. Positive Ergebnisse sind zu honorieren, negative Abweichungen müssen sanktioniert werden. Keine Leistungsbewertung ohne Konsequenz. Der Lieferant sollte stolz sein, für

Ihr Unternehmen zuverlässig liefern zu dürfen und einen Teil des Endproduktes für den Kunden mitzugestalten.

Ich habe in meinem Berufsleben auch immer sehr gute Erfahrungen mit der Bewertung der Leistung der eigenen Einkaufsorganisation durch den Lieferanten gemacht. So bekommt man Hinweise auf mögliche Verbesserungen in der eigenen Organisation und kann gezielter Veränderungen einleiten.

Ein Lieferantenwechsel aufgrund unzureichender Leistungsfähigkeit nach Vertragsschluss ist für den Lieferanten möglicherweise existenzbedrohend, aber auch für die Beschaffung kein Ruhmesblatt.

Durch die heute vorhandenen digitalen Mittel ist eine Kontrolle der Produktions- und Lieferprozesse der Lieferanten deutlich besser möglich als früher und kann im Sinne der Risikominimierung für beide Seiten erfolgreich eingesetzt werden. Hier ist auch die gesamte Prozesskette zu betrachten. Ein guter Einkaufsleiter kennt die Einkäufer und Lieferanten seines Lieferanten. Das war für mich immer wichtig, hat aber bei einigen Partnern am Anfang für Überraschung gesorgt. Eine große Elektronikfirma aus Asien war sichtlich überrascht, als ich verlangt habe, dass an den Vertragsverhandlungen ihr Einkaufsleiter teilnehmen soll und es wurde gerätselt, wer denn gemeint sei. Da war mir klar, dass die Beschaffung in dem Unternehmen nur ein Schreibbüro ist und kein Teilnehmer an strategischen Unternehmensentscheidungen. Das ist heute natürlich anders.

Diese Phase im Lieferantenmanagement sehen wir als Lieferantenentwicklung oder -stabilisierung, die ebenfalls regelmäßig durchlaufen werden muss.

Letztendlich muss es gelingen, mit zuverlässigen Lieferanten den Kunden zu gewinnen.

Ich kenne den Autor dieses Buches Marc Helmold aus langjähriger Zusammenarbeit und schätze ihn als kompetenten Kenner des Beschaffungsprozesses, als eloquente Führungskraft in komplexen Organisationen von Großunternehmen, auch in internationalen Märkten und als angenehmen Gesprächspartner zu vielen Wirtschafts- und Gesellschaftsthemen.

Dieses Buch kann Ihnen Hinweise und Anregungen geben, nicht mehr, aber auch nicht weniger. Die praktische Umsetzung in Ihrem Unternehmen müssen Sie selbst einleiten. Das theoretisch Vermittelbare in konkrete Gestaltungselemente umzuwandeln, ist Ihre Aufgabe. Seien Sie kreativ und kritisch.

Ich wünsche Ihnen größtmöglichen Erfolg, nicht nur beim Lieferantenmanagement.

Uwe Günther

Vorwort

Krisen bringen Risiken für die Lieferkette der Unternehmen mit sich. Lieferengpässe, die noch vor Kurzem undenkbar waren, sind heute fast an der Tagesordnung. Unternehmen müssen auf Krisen zielgerichtet, zügig und effektiv reagieren können. Resilientes Lieferantenmanagement bedeutet in diesem Sinne die proaktive und präventive Gestaltung aller Lieferantenbeziehungen des Unternehmens über alle Bereiche mit dem Ziel, durch bessere Zusammenarbeit mit direkten Lieferanten (aber auch Vorlieferanten) Produkte oder Dienstleistungen besser, schneller und zu niedrigeren Kosten zu entwickeln, zu beschaffen und herzustellen.

Der Fokus liegt nicht mehr nur auf der Hebung unternehmensinterner Kostenvorteile, sondern im Informationsaustausch, in stabilen Lieferketten und der Ausschöpfung der globalen unternehmensübergreifenden Potenziale. Das Lieferantenmanagement als Querschnittsfunktion steht daher vor weitreichenden Herausforderungen, um die Wettbewerbsfähigkeit langfristig zu garantieren. Denn erst der integrative Ansatz vom Kundenauftrag über die Planung, Beschaffung, Produktion, Logistik bis hin zum Retouren-Prozess verschafft Unternehmen die notwendige Entscheidungsgrundlage ihres zukünftigen Handelns. Zudem zeigen sich auch immer mehr die Grenzen der globalisierten Lieferketten und der Just-in-time-Politik.

In diesem Werk steht die Resilienz im Lieferantenmanagement und praktische Relevanz im Vordergrund, wobei die konkreten Erfahrungen des Autors aus Industrie, Lehre, Forschung und Wirtschaft mit theoretischen Elementen verknüpft werden, was eine transparente, prägnante und klare und verständliche Darstellung der Methoden und Praxisbeispiele ermöglicht.

Zum Download stehen unter *plus.hanser-fachbuch.de* Arbeitshilfen bereit, die dem Anwender helfen, Werkzeuge des Lieferantenmanagements gezielt einzusetzen und Verbesserungen zu erwirken.

Interessant ist dieses Praxis- und Lehrbuch für alle, die ein resilientes Lieferantenmanagement aufbauen wollen und damit besser auf Krisen reagiert werden kann.

Besonderer Dank gebührt Frau Hoffmann-Bäuml und dem Hanser-Verlag-Team für die freundliche, kompetente und professionelle Abwicklung dieses Praxisbuches und Leitfadens für Lieferantenmanagement.

Berlin, Oktober 2022 **Dr. Marc Helmold**

Inhalt

1 Herausforderung Beschaffung

Die fortgehende Globalisierung, die Liberalisierung von Märkten, die Konzentration auf Kernkompetenzen, Katastrophen wie ein europäischer Krieg, die COVID-19-Pandemieund zahlreiche Megatrends machen das Lieferantenmanagement und den Einkauf zum elementaren Faktor der Wertschöpfung sichtbarer denn je. Alle diese Faktoren zeigen, wie anfällig und fragil global agierende Lieferketten sind.

Lieferantenmanagement im internationalen Kontext wird für Unternehmen wichtiger denn je, wenn man sich die Handelsbilanz in Deutschland vor Augen führt (Bild 1.1, Statistisches Bundesamt 2021). Der Außenhandel beschreibt durch die Außenhandelsbilanz die Handelsbeziehungen eines Landes, d.h. den Austausch von Waren und Dienstleistungen, über seine Landesgrenzen hinweg. Dabei unterscheidet man zwischen den Exporten (Ausfuhren) und den Importen (Einfuhren). Aus der Differenz zwischen den Exporten und Importen eines Landes ergibt sich die Außenhandelsbilanz. Führt ein Staat mehr Waren aus, als er einführt, ergibt sich eine positive Außenhandelsbilanz, ein sogenannter Exportüberschuss. Die Bundesrepublik Deutschland wird wegen ihres langjährigen Exportüberschusses oft auch als Exportnation oder Exportweltmeister bezeichnet. Die Top 3 der deutschen Exportgüter waren zuletzt Kraftwagen und Kraftwagenteile, Maschinen und chemische Erzeugnisse. Einen umfassenden Überblick liefert die Statista-Themenseite zum deutschen Außenhandel.

Im Jahr 2020 wurden nach vorläufigen Ergebnissen Waren im Wert von 212,9 Milliarden Euro zwischen Deutschland und der Volksrepublik China gehandelt (Exporte und Importe). Wie das Statistische Bundesamt (Destatis) mitteilt, war damit die Volksrepublik China im Jahr 2020 zum fünften Mal in Folge Deutschlands wichtigster Handelspartner. Wichtigstes Abnehmerland deutscher Waren im Jahr 2020 waren wie bereits in den Vorjahren die Vereinigten Staaten. Güter im Wert von 103,8 Milliarden Euro wurden von Deutschland in die Vereinigten Staaten exportiert. Auf den Plätzen zwei und drei der bedeutendsten deutschen Exportländer lagen die Volksrepublik China (95,9 Milliarden Euro) und Frankreich (90,8 Milliarden Euro). Nach Deutschland importiert wurden die meisten Waren im Jahr 2020 aus der Volksrepublik China (117,0 Milliarden Euro). Auf den Plätzen zwei und drei der wichtigsten deutschen Lieferländer lagen die Niederlande (87,7 Milliarden Euro) und die Vereinigten Staaten (67,7 Milliarden Euro). Die höchsten Exportüberschüsse wies Deutschland im Jahr 2020 mit den Vereinigten Staaten (36,1 Milliarden Euro), Frankreich (34,3 Milliarden Euro) und dem Vereinigten Königreich (32,0 Milliarden Euro) aus. Mehr Waren importiert als dorthin exportiert wurden aus China. Für dieses Land wies der Außenhandel im Jahr 2020 einen Importüberschuss von 21,1 Milliarden Euro aus.

Der internationale Handel wirkt sich insbesondere durch COVID-19, sonstige Katastrophen oder Lieferknappheiten für Rohmaterialien der Bauindustrie, der Halbleiterbranche oder technischen Gütern auf das Lieferantenmanagement signifikant aus (Helmold & Terry 2021). Insbesondere der Russland-Ukraine-Krieg in 2022 hat gezeigt, wie anfällig internationale Lieferketten sind. Neben Vorprodukten wie Weizen, technischen Komponenten oder Kabelbäumen, die in der Ukraine kommen, sind Lieferketten auch durch die Sanktionen gegen Russland gestört oder komplett erloschen, sodass Abnehmer in der ganzen Welt nach Ersatzprodukten oder Alternativlieferanten suchen müssen.

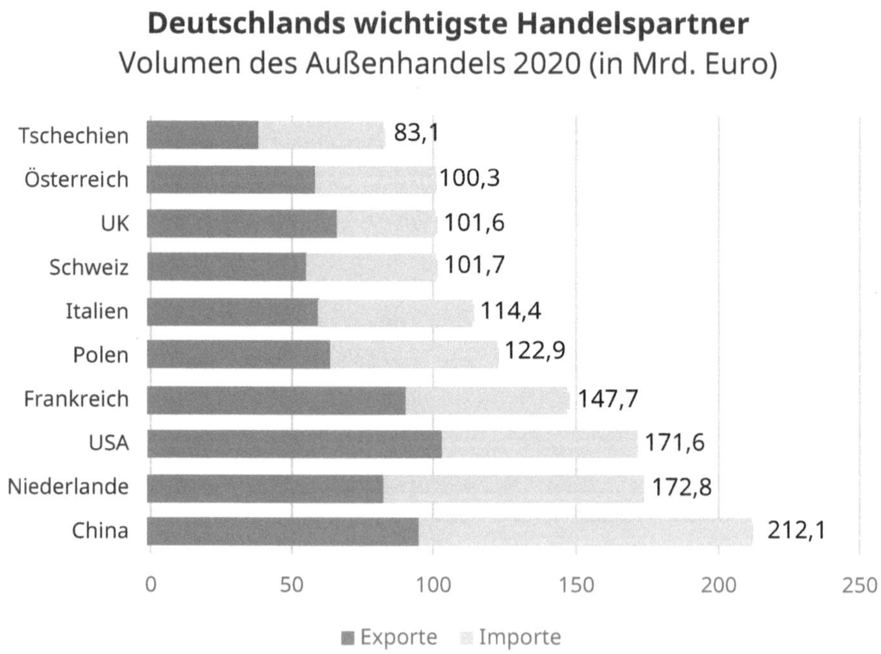

Bild 1.1 Die wichtigsten Handelspartner für Deutschland in 2020 (Statista, Statistisches Bundesamt 2021)

> Das Lieferantenmanagement muss global agieren und international agierende und konkurrierende Wertschöpfungsnetzwerke steuern.

Die andauernde Internationalisierung im internationalen Warenverkehr insbesondere in Länder wie China, Japan oder Südkorea wird weiter voranschreiten. Globale Lieferketten verursachen aufgrund ihrer Komplexität und wachsenden Herausforderungen Probleme. Hervorzuheben ist aber auch, dass steigende Anforderungen, Reaktionszeiten und Risikoabsicherung zur Differenzierung von Unternehmen und Wertschöpfungsnetzwerken beitragen (Dathe & Helmold 2018). Nicht nur das eigene Unternehmen, sondern auch seine Lieferantennetzwerke stehen im ständigen Wettbewerb um die Gunst der Kunden. Wertschöpfungsnetzwerke sind wettbewerbsfähig, global und kundenrelevant. Sie ermöglichen Unternehmen, unternehmensweit abgestimmte Dienstleistungen zu erbringen, bei denen sich die einzelnen Partner auf ihre Kernkompetenzen konzentrieren, wie Bild 1.2 zeigt. Innerhalb dieser neuen Rahmenbedingungen müssen Unternehmen diese Wertschöpfungsnetzwerke aktiv steuern und managen. Die Abbildung zeigt, dass neben Entwicklungsabteilungen auch Produktion und Lieferanten als Wertschöpfungspartner in einem stetigen Wettbewerb stehen (Hofbauer, Mashhour & Fischer 2016).

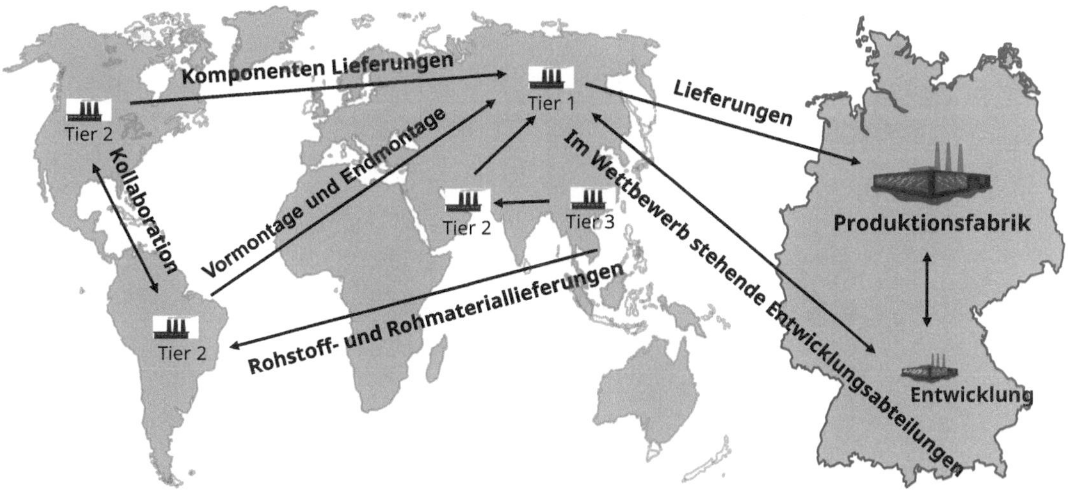

Bild 1.2 Globale Wertschöpfungswerke im Wettbewerb

Bild 1.3 zeigt die internationale Arbeitsteilung für die Herstellung einer Jeanshose. Das Bild zeigt, dass Baumwolle aus Texas nach China verschifft wird, wo der Stoff hergestellt wird. Der Stoff wird dann nach Malaysia transportiert, wo die Hose gefertigt wird. Die Reißverschlüsse kommen aus Japan mit dem Flugzeug. Nachdem die Jeanshose in Malaysia fertiggenäht ist, wird diese mit anderen Hosen verpackt und nach Hamburg in Deutschland per Containertransport geschifft. Dort finden die Kommissionierung und Verteilung an Groß- und Einzelhändler durch Distributoren statt.

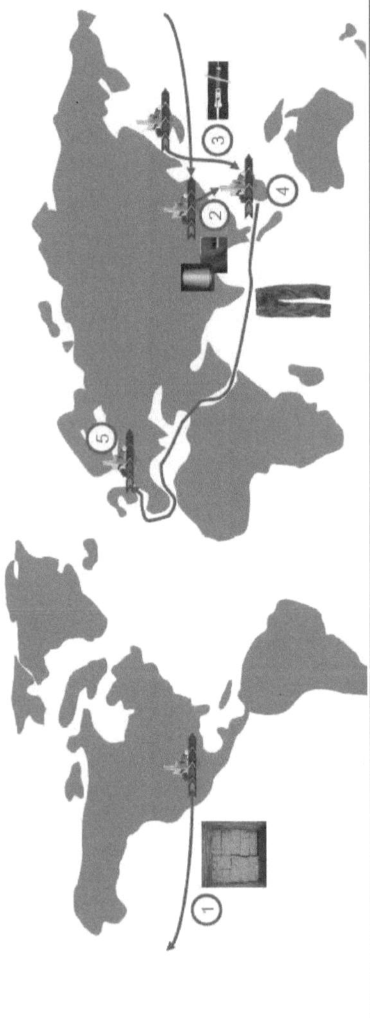

Schritt	Ort	Material	Aktivitäten internationaler Wertschöpfungsketten
1.	Texas (USA)	Baumwolle	Transport per Lkw nach Texas und nach Los Angeles. Per Schiffstransport nach China. Containertransport. Transport innerhalb Chinas per Lkw.
2.	China	Stoff	Konsolidierung. Transport per Schiff nach China.
3.	Japan	Reißverschlüsse	Transport per Flugzeug von Japan Osaka nach Malaysia.
4.	Malaysia	Jeanshosen	Verpackung und Konsolidierung. Transport nach Hamburg in Deutschland.
5.	Deutschland	Das finale Produkt	Kommissionierung und Vertrieb nach Europa und in Deutschland.

Bild 1.3 Internationale Arbeitsteilung für die Herstellung einer Jeanshose (in Anlehnung an DLV 2021)

Unabhängig ob es sich um ein großes oder kleines Unternehmen handelt, Globalisierung und Internationalisierung sind die zentralen Themen im Lieferantenmanagement. Nicht nur globale Unternehmen, sondere auch KMU sind von den international ausgerichteten Lieferketten stark abhängig. Diese Themen stellen Unternehmen vor besonderen Herausforderungen. Die aktuellen Krisen zeigen, wie anfällig das Thema Beschaffung ist und wie wichtig es ist, ein Lieferantenmanagement zu implementieren, das ermöglicht, solche Krisen besser zu meistern.

Literatur

BMW: (2020) *BMW Group. Lieferantenmanagement. Globales Lieferantennetzwerk.* Abgerufen am 7.1.2022. *https://www.bmwgroup.com/de/verantwortung/lieferanten-management.html.*

Bozarth, C. C.; Handfield, R. B.: (2013) *Introduction to Operations and Supply Chain Management.* 3rd ed. Pearson, Harlow.

Büsch, M.: (2019) *Fahrplan zur Transformation des Einkaufs.* Springer, Wiesbaden.

Cousins, P.; Lawson, L. B.; Squire, B.: (2008) *Strategic Supply Management: Principles, Theories and Practice.* Prentice Hall, Harlow.

Dathe, T.; Helmold, M.: (2018) *Erfolgreich im Chinageschäft. Strategien und Handlungsempfehlungen für kleinere und mittlere Unternehmen (KMU).* Springer, Wiesbaden.

Dust, R.: (2016) Lieferanten-/Risikomanagement. Bislang wenig Risikoprävention in der Supply Chain, in: *BME.* Abgerufen am 28.9.2020. *https://www.bme.de/bislang-wenig-risikopraevention-in-der-supply-chain-1468/.*

Dust, R.: (2019) *Total Supplier Management.* Hanser Verlag, München.

Dust, R.; Goldschmit, J. P.; Gürtler, B.: (2011) *Total Supplier Risk Monitoring – Datenqualität als zwingende Grundlage einer effektiven Lieferantenbewertung.* Qualität und Umweltmanagement, 10/2011, 10 – 11.

Dyer, J. H.: (1996) *Specialized Supplier Networks as a Source of Competitive Advantage: Evidence from the Auto Industry.* Strategic Management Journal, 17 (4), 271 – 291.

Dyer, J. H.: (2000) *Collaborative Advantage. Winning through extended Enterprise Supplier Networks.* 21, 71 – 87. Oxford University Press, New York.

Helmold, M.: (2021) *Innovatives Lieferantenmanagement. Wertschöpfung in globalen Lieferketten.* Springer, Wiesbaden.

Helmold, M.; Dathe, T.; Büsch, M.: (2017) Praxisbericht aus der Bahnindustrie – Bombardier Transportation. Veränderte Anforderungen durch Global Sourcing, in: *Beschaffung aktuell.* 4.5.2017. Abgerufen am 17.9.2020. *https://beschaffung-aktuell.industrie.de/einkauf/veraenderte-anforderungen-durch-global-sourcing/.*

Helmold, M.; Terry, B.: (2013) *Praxis und Forschung. Gesamtheitliches Best-in-class- Lieferantenmanagement implementieren.* In Procure.ch. Beschaffungsmanagement 11/2013. S. 22 – 24.

Helmold, M.; Terry, B.: (2016) *Lieferantenmanagement 2030.* Springer, Wiesbaden.

Helmold, M.; Terry, B.: (2017) *Global Sourcing and Supply Management Excellence in China.* Springer, Singapur.

Helmold, M.; Terry, B.: (2021) *Operations and Supply Management 4.0. Industry Insights, Case Studies and Best Practices.* Springer, Cham.

Helmold, M.; Terry, B.: (2021) *Operations and Supply Management 4.0. Industry Insights, Case Studies and Best Practices.* Springer, Cham.

Heß, G.; Laschinger, M.: (2019) *Strategische Transformation im Einkauf.* Springer, Wiesbaden.

Hofbauer, G.; Mashhour, T.; Fischer, M.: (2016) *Lieferantenmanagement: Die wertorientierte Gestaltung der Lieferbeziehung.* DeGruyter Oldenbourg, Berlin.

ICC: (2021) *International Chamber of Commerce (ICC). Incoterms der ICC.* Abgerufen am 21.10.2021. *https://www.iccgermany.de/standards-incoterms/incoterms-2020-in-der-uebersicht/.*

Johnson, G.: (2018) *Strategisches Management: Eine Einführung (Pearson Studium – Economic BWL).* Pearson, London.

Jung, K. P.: (2017) Miebach-Studie: Outsourcing liegt international im Trend. 06. September 2017. In: *Deutsche Verkehrszeitung.* Abgerufen am 18.10.2021. Miebach-Studie: Outsourcing liegt international im Trend – DVZ.

Kalkowsky, M.: (2004) *Nur Porsche hat das Lean Management begriffen: Interview with Prof. D. Jones.* Produktion. 31, 16.

Kleemann, F. C.; Glas, A. H.: (2020) *Einkauf 4.0.* Springer, Wiesbaden.

Schupp, F.; Wöhner, H.: (2017) *Digitalisierung im Einkauf.* Springer, Wiesbaden.

Statista (2020). Rangfolge der wichtigsten Handelspartner Deutschlands nach Wert der Exporte im Jahr 2020. Abgerufen am 20.10.2021. *https://de.statista.com/statistik/daten/studie/2876/umfrage/rangfolge-der-wichtigsten-handelspartner-deutschlands-nach-wert-der-exporte/.*

Statistisches Bundesamt: (2021) *Außenhandel Rangfolge der Handelspartner im Außenhandel der Bundesrepublik Deutschland. Destatis. Statistisches Bundesamt. https://www.destatis.de/DE/Themen/Wirtschaft/Aussenhandel/Tabellen/rangfolge-handelspartner.pdf?__blob=publicationFile.*

Van Weele, A.; Eßig, M.: (2017) *Strategische Beschaffung. Grundlagen, Planung und Umsetzung eines integrierten Supply Management.* Springer, Wiesbaden.

2 Lieferantenmanagement als fester Bestandteil der Unternehmensstrategie

2.1 Abgrenzung des Lieferantenmanagements zum Einkauf

Das Lieferantenmanagement ist in der Betriebswirtschaft kein neues Feld, wird jedoch in der Praxis häufig als Teilbereich der Beschaffung oder des Einkaufs angesehen. Das Lieferantenmanagement

- befasst sich mit der gesamtheitlichen Planung, Ausgestaltung und Verbesserung der Lieferanten-Abnehmer-Beziehung auf operativer und strategischer Basis (Büsch 2019). In diesem Kontext müssen Lieferantenstrategien entwickelt und Lieferantenportfolios aufgebaut und erhalten werden, dessen Mitglieder sich durch Kontinuität, Leistungsfähigkeit und Lieferbereitschaft auszeichnen.
- muss ferner präventive Werkzeuge und Prozesse implementieren, um Lieferantennetzwerke ideal und flexibel zu steuern (Hofbauer, Mashhour & Fischer 2016).
- muss vorbeugend und präventiv mit Lieferantennetzwerken zusammenarbeiten, um einen reibungslosen Ablauf innerhalb der Beschaffung zu gewährleisten.

> Präventivmaßnahmen sind vorausschauende und proaktive Maßnahmen des Lieferantenmanagements, um vermeintliche Risiken in Bezug auf Qualitätseinbußen, Preisanstiege, Lieferausfälle, Insolvenzen, Nachhaltigkeitsverstöße oder technischen Nichterfüllungen zu vermeiden.

In den meisten Unternehmen ist das Lieferantenmanagement jedoch noch reaktiv und passiv ausgerichtet. Doch finden sich zunehmend auch präventive Ansätze, da aufgrund der gestiegenen externen Leistungserbringung eine effiziente und präventive Steuerung der Lieferantenbasis mittlerweile erfolgsentscheidend ist. Das Lieferantenmanagement muss als Wertgestalter eine erheblich größere Rolle bei der innerbetrieblichen Koordination und der Steuerung der Lieferantenbasis über den gesamten Produktlebenszyklus spielen. Das Management der Lieferanten übernimmt daher die zentrale Schlüsselrolle durch die Integration aller Funktionen und Abteilungen als Primärfunktion.

Das Lieferantenmanagement zählt zu den Abteilungen, die einen strategischen Wettbewerbsvorteil für ein Unternehmen darstellen. In der originären Wertekette, die Porter entwickelt hat, stellt die Beschaffung noch eine Sekundär- bzw. Unterstützungsfunktion dar. Die Wertschöpfungskette setzt sich aus den einzelnen Wertaktivitäten und der Gewinnmarge zusammen. Wertaktivitäten sind Tätigkeiten, die zur Herstellung eines Produkts oder einer Dienstleistung erbracht werden. Der Gewinn ist der Unterschied zwischen dem Ertrag, den dieses Produkt erbringt, und den eingesetzten Ressourcen.

Bild 2.1 zeigt das Grundmodell der Wertschöpfungs- oder Wertekette nach Porter. Primäraktivitäten sind die Tätigkeiten, die einen direkten wertschöpfenden Beitrag zur Erstellung eines Produkts oder einer Dienstleistung liefern, darunter auch das Lieferantenmanagement. Im veränderten Modell stellen das Lieferantenmanagement, die Entwicklung, die Produktion, Marketing, Vertrieb und Kundenservice Primärfunktionen dar (Helmold & Terry 2021). Unterstützungsaktivitäten sind Tätigkeiten, die für die Ausübung der primären Aktivitäten die notwendige Voraussetzung sind. Sie liefern somit einen indirekten Beitrag zur Erstellung eines Produkts oder einer Dienstleistung. Im modifizierten neu aufgestellten Modell sind das Informationsmanagementsysteme (IMS), Finanzen und Controlling (F & C), Humanressourcenmanagement (HRM) und Transport und Logistik (T & L) (Helmold & Terry 2021).

Neben dem Lieferantenmanagement gibt es in den meisten Unternehmen eine Einkaufsfunktion (oder Beschaffungsfunktion), die mit dem Lieferantenmanagement vernetzt und integriert ist. Der Einkauf umfasst in diesem Kontext die Summe aller operativen und strategischen Tätigkeiten eines Unternehmens, die im Rahmen der Beschaffung von Werkstoffen, Waren, Betriebsmitteln und Dienstleistungen durchzuführen sind.

Das Einkaufsspektrum eines Unternehmens bzw. die daraus abgeleiteten Warengruppen lassen sich differenzieren als direkte und indirekte Bedarfe. Der direkte Einkauf beschreibt die Beschaffung von Materialien, die direkt ins Endprodukt einfließen, und bildet in den meisten Unternehmen das Kerngeschäft im Einkauf. Auch die Einkaufsfunktion unterliegt einer kontinuierlichen Transformation hin zu einer unternehmerischen und strategischen Querschnittsfunktion als Schnittstelle zu externen Wertschöpfungspartnern und Lieferanten (Heß & Laschinger 2019). Im produzierenden Gewerbe und in der Industrie machen direkte Materialien oft 70 % bis 80 % des Gesamteinkaufsvolumens aus (Outsourcing) (Jung 2017).

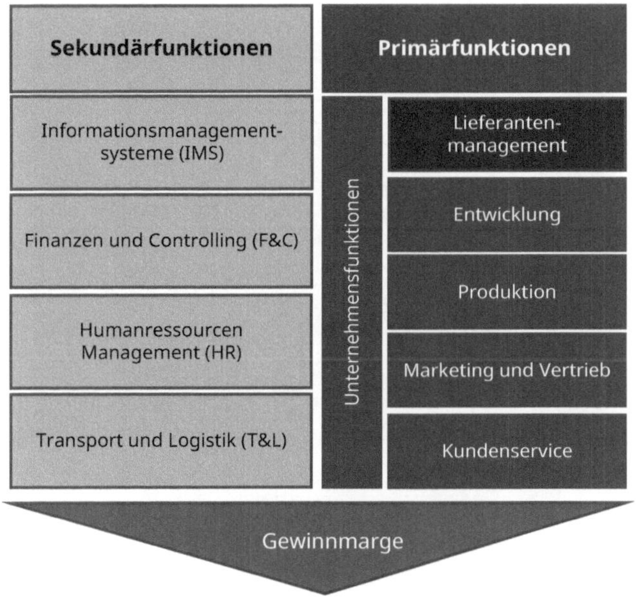

Bild 2.1
Wertekette mit Primär- und Sekundärfunktionen: Lieferantenmanagement als Primärfunktion

Bild 2.2 zeigt den Anteil der im verbliebenen Unternehmen und Kernkompetenzen mit 20%. Nicht wettbewerbsrelevante Aktivitäten und Produkte werden an Lieferanten outgesourct oder verlagert (Dust 2019). Die verlagerten (outgesourcten) Beschaffungsumfänge werden über den indirekten Einkauf gesteuert. Sie gehen nicht in das Endprodukt ein, sondern sind eher zur Nutzung im Unternehmen gedacht. Hierzu zählen unter anderem Dienstleistungen, Maschinen, IT-Systeme und Marketingleistungen. Da der Fokus in produzierenden Unternehmen oft auf dem direkten Einkauf liegt, wird der indirekte Einkauf teilweise vernachlässigt. Direkter und indirekter Einkauf müssen jedoch nach dem Total-Cost-of-Ownership-Prinzip (TCO) handeln. Der TCO-Ansatz ist Teil der Gesamtkostenbetrachtung über den kompletten Lebenszyklus eines Produkts. Gesamtkosten ergeben sich aus der Addition und Bewertung sämtlicher Aktionen und Kostenelemente, die ein Prozess umfasst.

Aufgaben des Einkaufs sind:

- Kontinuierliche Beschaffungsmarktforschung
- Durchführung von Marktanalysen und Angebotsvergleichen
- Ausschreibungen, Prüfung der Angebote, Erstellung der Preisspiegel
- Auswahl der Lieferanten in Abstimmung mit anderen Abteilungen
- Vertragsverhandlung und -ausgestaltung
- Erstellung von Rahmenverträgen und Planung der Bestellabwicklung
- Ausführung der operativen Bestellabwicklung

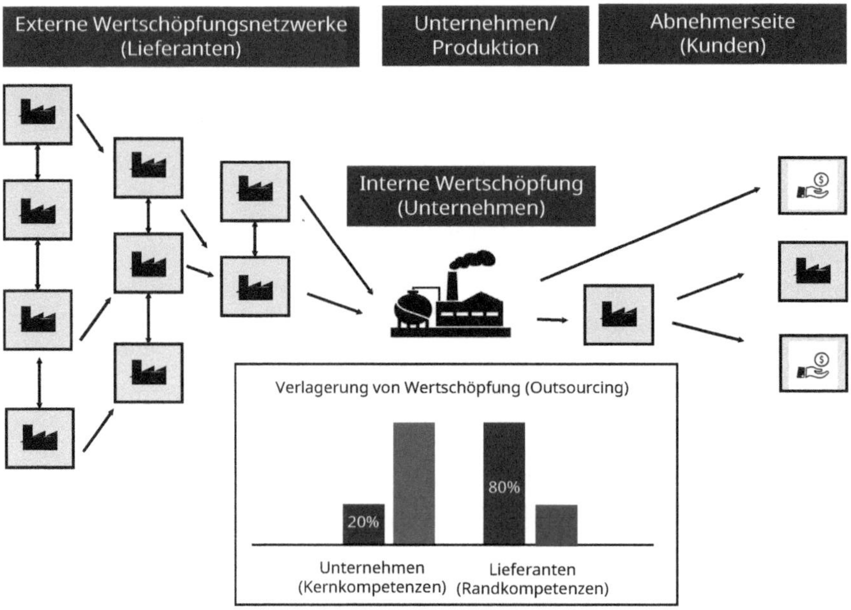

Bild 2.2 Anteil der Verlagerung von Wertschöpfungsaktivitäten

Tabelle 2.1 zeigt die Abgrenzung des Lieferantenmanagements von der Einkaufsfunktion. Das Lieferantenmanagement ist ein ganzheitlicher Ansatz und Fokussierung auf Qualitäts-, Kosten-, Liefer- und Nachhaltigkeitsziele, wobei der Einkauf einen vordergründigen Fokus auf Optimierung der Materialkosten und Einstandspreise mit dem Fokus auf Total Cost of Ownership (TCO) legt. Ziele im Lieferantenmanagement sind Stabilität von Lieferketten sowie die präventive Planung, Steuerung und Kontrolle von Lieferantennetzwerken. Das geschieht mit standardisierten Tools und Werkzeugen in sechs Phasen.

Tabelle 2.1 Abgrenzung des Lieferantenmanagements zum Einkauf

Lieferantenmanagement	Einkauf
Ganzheitlicher Ansatz und Fokussierung auf Qualitäts-, Kosten-, Liefer- und Nachhaltigkeitsziele	Vordergründiger Fokus auf Optimierung der Materialkosten und Einstandspreise mit dem Fokus auf Total Cost of Ownership (TCO)
Präventive Planung, Steuerung und Kontrolle von Lieferantennetzwerken	Reaktive Aktivitäten bei Lieferstörungen und Ausfällen
Standardisierte Werkzeuge und Prozesse zur Lieferantenentwicklung	Nicht standardisierte Werkzeuge und Prozesse im Einkauf und der Beschaffung
Integration aller Funktionen durch das Lieferantenmanagement als Primärfunktion. Das Lieferantenmanagement als strategischer Wettbewerbsvorteil	Der Einkauf und die Beschaffung als verantwortliche Funktion bei Lieferantenthemen
Einziger Ansprechpartner für Lieferanten und zentrale Steuerung aller Funktionen	Mehrere Ansprechpartner durch unterschiedliche Funktionen

> Das Lieferantenmanagement stellt eine Primärfunktion in der Wertschöpfungskette dar, die direkt und aktiv zum Unternehmensergebnis beiträgt.

2.2 Prävention versus Reaktion

Die stark ansteigende Verlagerung von aktuellen Wertschöpfungsaktivitäten im Rahmen von Produkten und Dienstleistungen führt automatisch zu einer Vielzahl von Risiken entlang der Wertschöpfungskette. Diese Risiken ergeben sich durch Naturkatastrophen wie Erdbeben oder Flutkatastrophen, politischen Einflüssen, vom Menschen verursachte Umweltkatastrophen, sozio-demographische Faktoren, Kriegen oder ökonomischen Gründen.

> Die Notwendigkeit eines aktiven Lieferantenrisikomanagements ist die Konsequenz durch Internationalisierung, Outsourcing und arbeitsteilige Vernetzung der Wertschöpfungstätigkeiten global agierender Wertschöpfungspartner.

Dabei muss die Steuerung der Wertschöpfungsketten so konzipiert werden, dass es keine Lieferausfälle gibt und Reibungsverluste ganz eliminiert minimiert werden (Dust 2019). Die daraus hervorgehenden Schnittstellen von Unternehmen und Zulieferern setzt zur Steuerung der Wertschöpfungsaktivitäten konsequent den Einsatz von flexiblen Organisationsstrukturen, agilen Prozessen und präventiven Werkzeugen voraus. Dies macht ein Umdenken in fast allen, an der externen Wertschöpfung beteiligten, Unternehmensbereichen erforderlich.

> Ein ganzheitliches Lieferantenrisikomanagement ist die Basis für eine effiziente Zusammenarbeit mit den Lieferanten in einem global vernetzten Wertschöpfungssystem. Das Lieferantenmanagement ist dabei verantwortlich für die Etablierung von Prozessen und Warnmechanismen zur Vermeidung von Disruptionen, Störungen oder Ausfällen in der Lieferkette (Büsch 2019).

Bild 2.3 zeigt die Phasen eines Produkts mit der Entwicklungs-, Anlauf-, Serien, Auslauf- und Kundenservicephase. Die Entwicklungsphase beginnt mit einer neuen Produktidee und der Entwicklung eines marktreifen Produkts und endet mit der Markteinführung. Während der Entwicklungsphase entstehen hohe Kosten für Grundlagenforschung, Entwicklung und Einführung. Gewinne können in dieser Phase noch nicht erzielt werden. Meist werden in die Entwicklung Lieferanten involviert, die Produkte oder Dienstleistungen erbringen. Die richtige Auswahl ist hier von strategischer Bedeutung, um einen reibungslosen Anlauf und damit eine erfolgreiche Markteinführung des Produkts zu erwirken.

Die Entwicklungsphase ist die wichtigste Phase zur Vermeidung von Störfällen oder Ausfällen in den nachfolgenden Phasen. Abhängig von Eigen- und Fremdleistungen muss das Lieferantenmanagement die richtigen Lieferanten auswählen, um Störungen im weiteren Verlauf zu vermeiden.

In den Entwicklungs- und Anlaufphasen wird das Produkt konzeptionell auf den Markt vom eigenen Unternehmen gebracht (Markteinführung). Innerhalb dieser Phasen (engl.: Frontloading) werden oft Lieferanten eng in die Ideenfindung, Produktentstehung und in den Serienstart mit eingebunden. Die eigene Produktion des Endproduktes ist noch nicht bei 100 % angekommen. Ferner muss das neue Produkt durch Marketingaktivitäten dem Kunden verkauft und schmackhaft gemacht werden. Typische Merkmale dieser Phase sind hohe Marketing-, Werbe- und Vertriebskosten, keine oder niedrige Gewinne, steigende Umsätze, geringe Stückzahlen und die Erreichung der Gewinnschwelle als Übergang in die Serienphase. Neben der Entwicklungsphase hat das Lieferantenmanagement in der Anlaufphase noch Chancen, Störungen und Disruptionen im späteren Verlauf des Produktlebenszyklus mit geeigneten Werkzeugen und Methoden präventiv zu vermeiden. Nach diesem Schritt beginnt die Serienphase, in der Störungen nur noch reaktiv und mit hohen Kosten korrigiert werden können. Gleiches gilt für die Auslauf- und Kundenservicephase.

Bild 2.3 Präventivmaßnahmen versus Reaktivmaßnahmen im Phasenmodell eines Produkts

Das Lieferantenmanagement entwickelt Methoden, Prozesse und Werkzeuge zur Vermeidung (präventive Maßnahmen) von Störungen in der Lieferkette. Jedoch reagiert es auch auf aufkommende Lieferausfälle oder Probleme (reaktive Maßnahmen).

2.3 Proaktive Steuerung von Partnerschaften

Mit der Fokussierung auf das Kerngeschäft und auf Kernkompetenzen und die sich daraus ergebende sinkende eigene Fertigungstiefe der herstellenden Unternehmen steigt automatisch der über den Beschaffungsmarkt fremdbezogene Zulieferanteil von Lieferanten weiterhin signifikant an. Kernkompetenzen beinhalten Eigenschaften, Qualitätsmerkmale, Prozesse oder Faktoren, aus denen das produzierende Unternehmen langfriste Wettbewerbsvorteile generieren kann. Alles andere sind Randkompetenzen, die an Lieferanten outgesourct werden können. Zahlreiche Unternehmen haben oftmals mehr als 80 % ihrer Wertschöpfungsaktivitäten an Lieferanten verlagert und konzentrieren sich so verstärkt auf ihre Kernkompetenzen (Jung 2017).

> Ausgelöst durch externe Umfeldfaktoren wie z. B. die Globalisierung der Märkte und Versorgungsbeziehungen wird es gerade für Fokalunternehmen notwendig, Zulieferer in die eigenen Wertschöpfungssysteme mithilfe von verschiedenen Beziehungsarten zu integrieren, Zulieferpyramiden aufzubauen und qualitativ hochwertige kostenoptimale Ressourcen durch komplexe Kooperationen nutzbar zu machen (ein Fokalunternehmen ist das zentrale Unternehmen in einem strategischen Netzwerk).

Ziel eines Wertschöpfungsnetzwerks im Lieferantenmanagement (Lieferantennetzwerk) ist meist die Realisierung kollaborativer Wettbewerbsvorteile und die Möglichkeit der eigenen Spezialisierung. Da jeder beteiligte Partner seine spezifischen Kernkompetenzen in das Netzwerk einbringt, kann der Zielkonflikt zwischen einem hohen Spezialisierungsgrad einerseits und einem breiteren und vielfältigeren Leistungsangebot andererseits gelöst werden. Im Netzwerk können die Vorteile einer flexibleren Aufgabenverteilung und Auslastung auf Netzwerkebene mit Spezialisierungsvorteilen auf Ebene der Wertschöpfungseinheiten (engl.: Economies of Scale und Economies of Scope) kombiniert werden. Das funktioniert umso besser, je mehr sich die einzelnen Fähigkeiten ergänzen. Beispiele für eine erfolgreiche Umsetzung dieser Idee sind z. B. Produktionsnetzwerke (Hofbauer et al. 2016), Beschaffungsnetzwerke oder Wissens- und Kompetenznetzwerke.

> Das Lieferantenmanagement steuert Partnerschaften und globale Wertschöpfungsnetzwerke.

2.4 Lieferantenmanagement als Querschnittsfunktion

Nur der integrative Ansatz von der Kundenbestellung über die Planung, Beschaffung, Produktion und Logistik bis hin zum umgekehrten Logistikprozess ermöglicht es Unternehmen, Entscheidungen für das Management ihrer Geschäftshandlungen zu treffen. Darüber hinaus entstehen aufgrund der Konzentration auf Kernkompetenzen und der Zuordnung von nicht zum Kerngeschäft gehörenden Wertschöpfungsaktivitäten (Outsourcing) zu Versorgungsnetzwerken neue Prozesse und Abläufe, die bewältigt werden müssen.

Unternehmen müssen ihre Organisationsstruktur und ihre Prozesse dahin ausrichten, sodass alle Abteilungen strukturiert, agil und proaktiv auf Kundenwünsche und Kundenbefriedigung ausgerichtet sind (Helmold & Terry 2021).

Bild 2.4 zeigt das Spannungsfeld des Lieferantenmanagements innerhalb der Wertschöpfungskette. Die Wertschöpfungskette beinhaltet von der eigenen Produktion aus gesehen die Angebotsseite zu den Lieferanten stromaufwärts (engl.: Upstream oder Supply Side) und die Nachfrageseite der Kunden stromabwärts (engl.: Downstream oder Demand Side). Die Ebenen der Lieferanten und Kunden werden als „Tiers" bezeichnet. Tier 1 umfasst direkte Lieferanten und direkte Kunden. Das eigene Unternehmen konzentriert auf seine Kernkompetenzen, also die Produkte und Aktivitäten, mit denen es langfristige und nachhaltige Wettbewerbsvorteile erzielen kann. Randkompetenzen werden dagegen an Zulieferer oder Lieferanten verlagert und outgesourct (Johnson et al. 2018).

Das Lieferantenmanagement ist der ideale Weg, um sich auf Prozesse und Aktivitäten zu konzentrieren, für die der Kunde bereit ist, zu zahlen. Interne und externe Kunden stehen hier im Mittelpunkt der Unternehmensaktivitäten.

Lieferantenmanagement zielt auf die Konzentration wertschöpfender Aktivitäten und der Eliminierung von Verschwendung.

Verschwendung ist alles, wofür der Kunde nicht bereit ist zu bezahlen. Weiterhin zielt Lieferantenmanagement auf einen kulturellen Wandel hin zu einer Einbindung aller Mitarbeiter und der stetigen Verbesserung. Auch wenn das Konzept des Lieferantenmanagements nicht neu ist, wissen die Unternehmen, dass die Umsetzung dieses Modells in allen Bereichen, vom Rohstofflieferanten bis zum Endkunden, zu erheblichen Verbesserungen führen wird.

Lieferantenmanagement konzentriert sich nicht mehr nur auf die eigenen Aktivitäten, sondern zielt auf die gesamte Wertschöpfungskette. Welche Möglichkeiten ergeben sich, um sich in Zukunft von Wettbewerbern abzuheben? Was erwarten die Kunden von den nachgefragten Produkten neben den traditionellen Anforderungen an Preis, Qualität und Lieferung? Was sind zusätzliche wertschöpfende Aktivitäten und Dienstleistungen innerhalb der Lieferkette zur Differenzierung? Allmählich sinkende Faktorvorteile wie steigende Löhne, volatile Wechselkursparitäten und dennoch herausfordernde Logistikketten erfordern effizientere und schlankere Methoden, um die Kosten entlang der Wertschöpfungskette weiter zu optimieren (Helmold, Dathe & Büsch 2017). Einerseits führen die zunehmende Vernetzung, Digitalisierung und Automatisierung zu den notwendigen Prozessoptimierungen, andererseits führt dieser Trend zu einer reduzierten arbeitsintensiven und manuellen Produktion, was die Integration aller Lieferkettenpartner beeinflusst.

Die zukünftigen Herausforderungen, um einen Wettbewerbsvorteil zu erzielen, führen zu einem neuen agilen, schlanken und flexiblen Konzept zur Schaffung und Anpassung von Wertschöpfungsnetzwerken über die gesamte Wertschöpfungskette. So wird es möglich sein, immer anspruchsvollere Kunden in zunehmend transparenten und offenen Märkten zufrieden zu stellen.

In diesem Zusammenhang werden neue internetbasierte Informations- und Kommunikationsstrategien und -konzepte die ideale Verbindung des Interesses der Stakeholder innerhalb der gesamten Wertschöpfungskette sein. Pionierunternehmen wie die Deutsche Telekom, Tesla, Porsche, Alibaba und Amazon setzen neue Maßstäbe und erfüllen die Kundenerwartungen hinsichtlich wachsender Erwartungen an Vorlaufzeiten und Verfügbarkeit von Produkten.

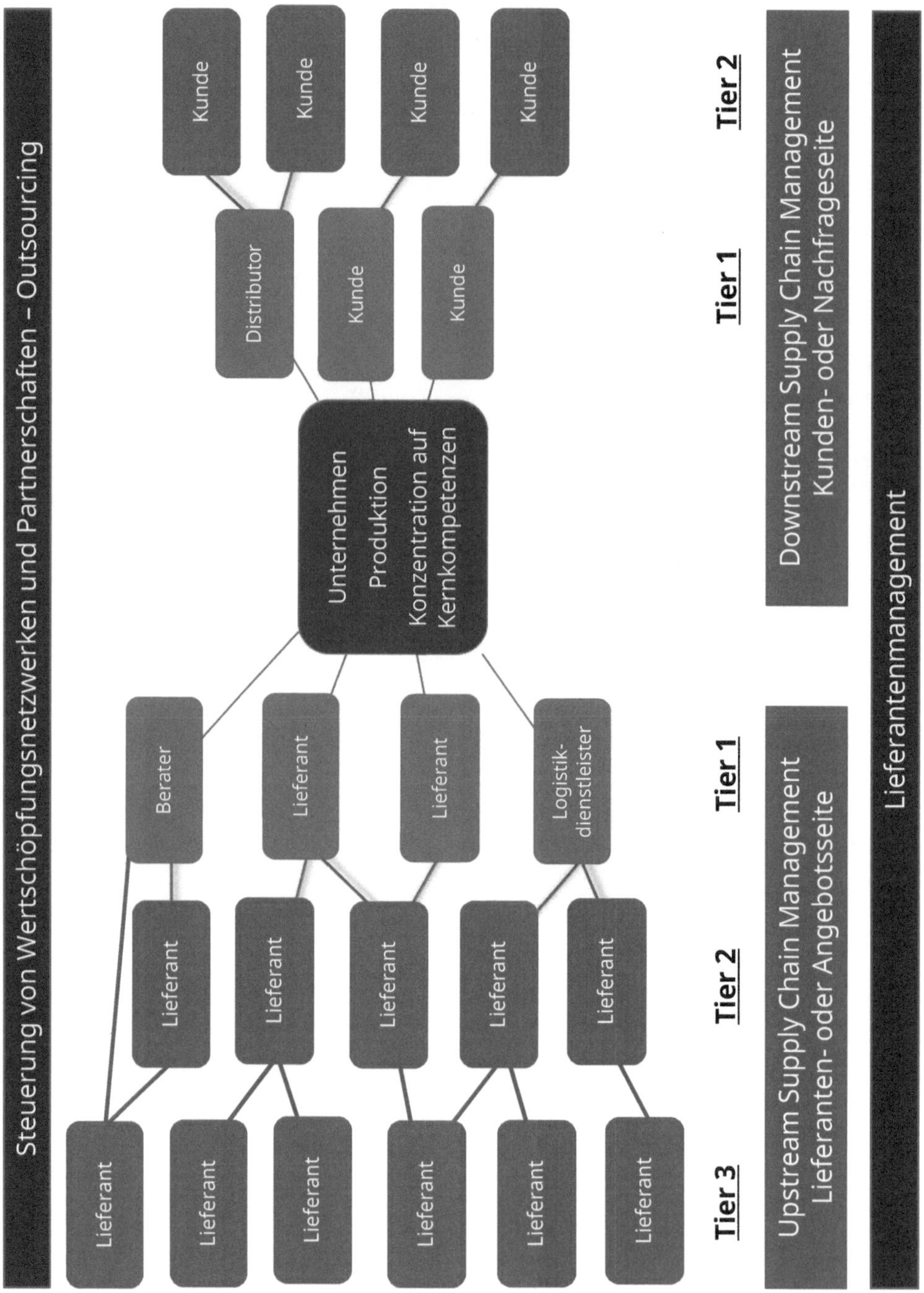

Bild 2.4 Lieferantenmanagement im Spannungsfeld der Wertschöpfungskette

Das Lieferantenmanagement agiert als Primärfunktion über die gesamte Wertschöpfungskette.

Aktuelle und zukünftige Herausforderungen wie beispielsweise Lieferengpässe können nur bewältigt werden, wenn das Lieferantenmanagement als abteilungsübergreifende Querschnittsfunktion implementiert wird und eine integrierte Verantwortung übernimmt mit Aufgabenstellungen wie beispielsweise Entwicklung einer Einkaufsstrategie, Steuerung und Planung von Lieferketten, Beschaffungsmarktforschung und -marketing, Kaufteillieferantenmanagement, Bestellabwicklung, Logistikplanung, inner- und außerbetrieblicher Transport, Verkehrsmittelwahl, Optimierung des Material- und Informationsflusses, Bestandscontrolling, Materiallagerung inklusive Warenannahme, Lagerorganisation, -verwaltung, Bedarfsermittlung, Bestellmengenrechnung, Auftragsterminierung, Reststoffwirtschaft und Prozessoptimierungen entlang der gesamten Wertschöpfungskette (Büsch 2019). Denn erst der integrative Ansatz vom Kundenauftrag über die Planung, Beschaffung, Produktion, Logistik bis hin zum Afterservice verschafft Unternehmen die notwendige Entscheidungsgrundlage für Wettbewerbsvorteile (Dathe & Helmold 2017). Ein optimales Lieferantenmanagement umfasst insbesondere folgende sechs Phasen:

- Lieferantenstrategie (Lieferantenklassifizierung)
- Lieferantenauswahl (Lieferantenselektion)
- Lieferantenbewertung (Erfassung der Leistungsfähigkeit basierend auf einheitlichen Bewertungskriterien)
- Lieferantenentwicklung (Festlegung von Zielvorgaben für den Lieferanten durch gemeinsame Optimierungsprogramme)
- Lieferantenintegration (Erweiterung des Aufgabenspektrums für Lieferanten mit dem Ziel der Vorverlagerung von Aktivitäten)
- Lieferantencontrolling (kontinuierlicher Abgleich der Zielerfüllungsgrade, Schwächen frühzeitig erkennen und beseitigen)

Bild 2.5 zeigt die sechs Phasen des Lieferantenmanagements mit der Auswahl der geeigneten Lieferantenstrategie, der Lieferantenauswahl, der Bewertung, der Entwicklung, der Integration und dem Lieferantencontrolling (Helmold & Terry 2016). Das Lieferantenmanagement übernimmt die Planung, Steuerung und Integration von Lieferanten von der Beschaffung bis hin zur Übergabe der Produkte oder Dienstleistungen zum Kunden. Messindikatoren zur stetigen Evaluierung der Performance umfassen Kennzahlen wie Qualität, Kosten oder Finanzen, Lieferziele und andere Bereiche (z. B. Nachhaltigkeit oder Reifegrad).

Bild 2.5 Phasen im Lieferantenmanagement

Bild 2.6 zeigt die zentralen Performancekriterien im Lieferantenmanagement nach dem QKL-plus-Alpha-Prinzip. QKL beinhalten in diesem Sinne Performancekriterien in den Bereichen Qualität (z.B. Anlieferqualität), Kosten (Beschaffungskosten) und Lieferleistung (Lieferpünktlichkeit). Der griechische Buchstabe Alpha steht hier für andere Performanceelemente wie Nachhaltigkeit, Innovationsfähigkeit oder Qualifikation der Mitarbeiter. Aus diesen Kategorien muss das Lieferantenmanagement geeignete Performanceziele definieren und diese entlang der gesamten Wertschöpfungsketten und innerhalb der sechs Phasen des Lieferantenmanagements anwenden.

Performancekriterien für Lieferanten beinhalten Qualität, Kosten, Lieferleistung und Alphakriterien.

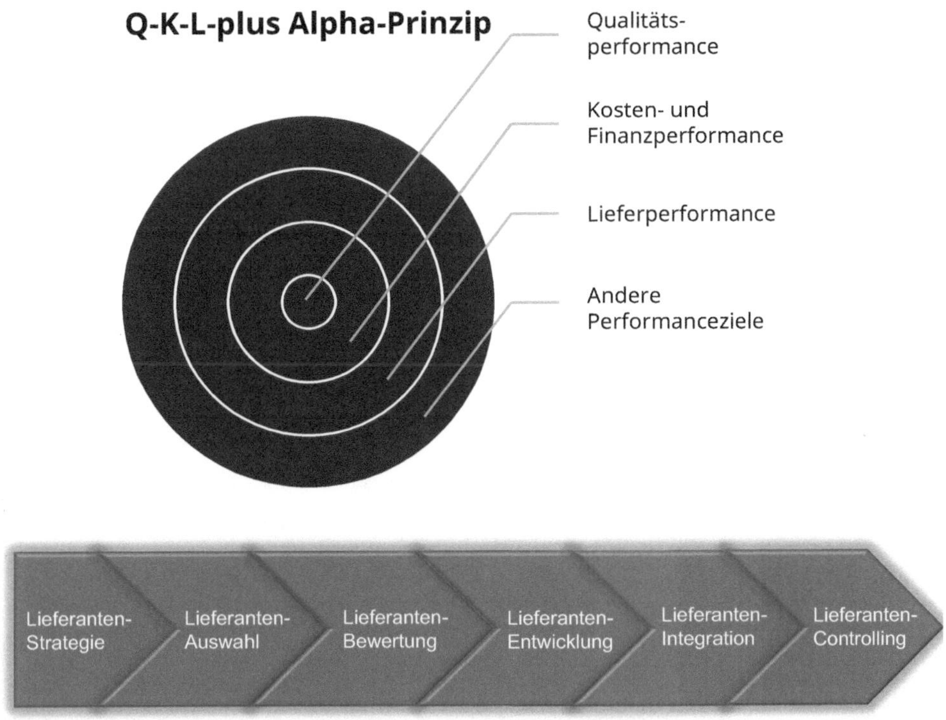

Bild 2.6 Q-K-L-plus-Alpha-Prinzip

2.5 Wertschöpfung durch Vermeidung von Verschwendung

Die Beseitigung von verschwenderischen Aktivitäten ist eine der wichtigsten Voraussetzungen für den Aufbau eines erfolgreichen Unternehmens. Dieses Konzept ist integraler Bestandteil des Lean-Denkens und hilft, die Rentabilität zu steigern. Die Idee, Verschwendungen jeglicher Art zu vermeiden, stammt aus dem Toyota Produktionssystem. Taiichi Ohno, der als einer der Gründerväter der Lean-Herstellung gilt, widmete seine Karriere, um solide und effiziente Arbeitsprozesse zu etablieren. Während seiner Reise beschrieb Ohno drei Haupthindernisse, welche die Arbeitsprozesse eines Unternehmens negativ beeinflussen können: Muda (verschwenderische Aktivitäten), Muri (Überlastung) und Mura (Unregelmäßigkeiten). Basierend auf seinen Beobachtungen und tiefen Analysen kategorisierte er die sieben Arten der Verschwendung (7 Mudas), die später zu einer populären Praxis zur Kostenreduzierung und Optimierung der Ressourcen wurden. Tabelle 2.2 zeigt die sieben Verschwendungsarten:

- Transport
- Bestände
- Bewegung
- Wartezeiten
- Überproduktion
- Überarbeitung
- Defekte

Transport bedeutet lange Anlieferwege für Material, die Störungen in der Stabilität von Lieferketten hervorrufen können. Auch überfüllte Lager oder Zwischen-Lager (Puffer) stellen wie unnötige Bewegungen in der Transportkette oder in der Produktion Verschwendung dar und schränken die Robustheit von Lieferketten stark ein. Ferner sind Wartezeiten, Überproduktion, unnötige Schritte oder Defekte Faktoren, die eine Lieferkette stören oder sogar unterbrechen können.

Tabelle 2.2 Wertschöpfung im Lieferantenmanagement: TIMWOOD

Art der Verschwendung	Deutsche Bedeutung	Beschreibung
Transportation	Transport	Lange Anlieferwege für Material
Inventory	Bestände	Überfüllte Lager oder Zwischen-Lager (Puffer)
Motion	Bewegung	Unnötige Bewegungen in der Wertschöpfungskette oder Produktion
Waiting	Wartezeit	Wartezeit von Mitarbeitern in der Prozesskette
Overproduction	Überproduktion	Es werden mehr Teile produziert als benötigt
Overprocessing	Überarbeitung	Unnötige Schritte in der Wertschöpfungskette
Defects	Defekte	Beschädigte Vor-, Zwischen- oder Endprodukte

Verschwendungsarten wie in Tabelle 2.2 lassen sich in offene und versteckte Verschwendung unterteilen. Offensichtliche (offene) Verschwendung beinhaltet alle Tätigkeiten und Aktivitäten, die offensichtlich nicht notwendig sind, um dem Produkt Mehrwert hinzuzufügen. Der Kunde ist nicht bereit, für diese Aktivitäten ein Entgelt zu entrichten und diese zu bezahlen. Die verdeckte Verschwendung umfasst Tätigkeiten, die keinen Wertzuwachs bringen, aber unter den gegebenen Umständen getan werden müssen. Auch für diese Aktivitäten sieht der Kunde keinen Grund zu bezahlen. Alle anderen Aspekte (dem Produkt Wert zuführende Aktivitäten) stellen wertschöpfende Tätigkeiten dar und werden vom Kunden getragen.

Die einzige wirksame Methode, Verschwendung zu eliminieren, ist die Wegnahme der scheinbaren Sicherheit. Durch die Transparenzmachung der wirklichen Probleme erfolgt eine leichte Identifizierung der Problemtreiber, ebenso der Zwang zur schnellen Lösung. Durch die nachhaltige Beseitigung der Ursachen für die Verschwendung werden niedrigere Durchlaufzeiten und damit automatisch niedrigere Bestände ermöglicht. Ein wesentlicher Ansatz des Lieferantenmanagement ist die nachhaltige Verbesserung, d.h. also der Ersatz der Verschwendung durch Wertschöpfung, nicht die Komprimierung bzw. Leistungsverdichtung.

Hauptziel eines jeden Lieferantenmanagements sollte sein, die Lean-Philosophie auf die Lieferantenkette zu übertragen und die Verschwendung durch Wertschöpfung zu ersetzen.

Unternehmen müssen sich auf wertschöpfende Aktivitäten konzentrieren, Verschwendung wird in offene und versteckte unterschieden (Bild 2.7).

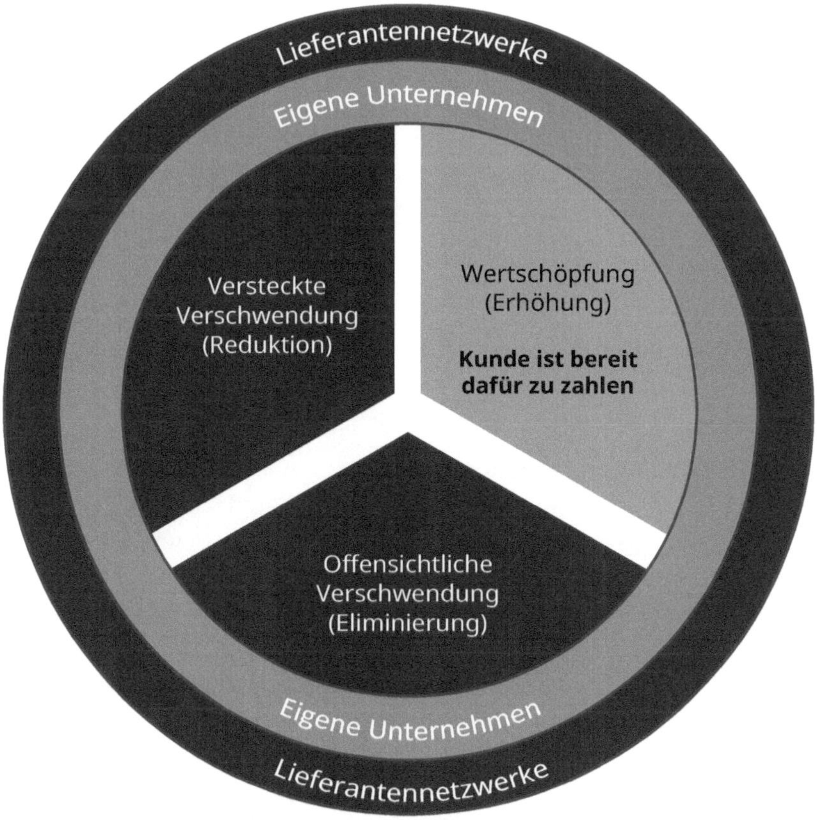

Bild 2.7 Wertschöpfung und Verschwendung

2.6 Strategisches Lieferantenmanagement

Das oberste Management in Unternehmen definiert die Unternehmensstrategie, die sich mit der langfristigen Entwicklung, Planung und Umsetzung von Wettbewerbsvorteilen und Unternehmenszielen beschäftigt (Johnson et al. 2018). Die Planungshorizonte im strategischen Management umfassen in der Regel drei bis fünf Jahre, wobei strategische Zeithorizonte diese Periode auch überschreiten können. Aufgabe des Strategischen Managements ist es, Vorgaben für die strategische Planung auszuarbeiten. Nach der Definition der wesentlichen Zielsetzungen eines Unternehmens folgen die Analyse möglicher Unternehmensstrategien, die Strategieentscheidung und Aktivitäten zu deren Umsetzung. Aufgrund der hohen Wertigkeit von externen Wertschöpfungsnetzwerken und Lieferanten muss die oberste Führungsebene daher auch das Lieferantenmanagement in strategische Fragen miteinbeziehen und integrieren. Die Wörter „Strategie“ und „strategisches Management“ werden typischerweise mit Elementen wie diesen in Verbindung gebracht:

- Langfristige und nachhaltige Ausrichtung
- Erlangung von Vorteilen für das Unternehmen gegenüber Konkurrenten
- Grundlegender Transformationsprozess
- Einbeziehung von erheblichen Ressourcen
- Generierung von Alleinstellungsmerkmalen
- Veränderung der Unternehmenskultur
- Implementierung von Innovationen
- Strategische Ausrichtung unter Einbeziehung von internen und externen Faktoren
- Erwartungshaltung externer Interessenvertreter (Stakeholder)

Die strategischen Ziele des Lieferantenmanagements berücksichtigen langfristige Planung sowie die Steuerung der langfristigen Optimierung der externen und internen Lieferantenbasis des Unternehmens. Ausgehend von lieferanten-, kategorie- oder materialgruppenspezifischen Beschaffungsstrategien gilt es, präzise Entwicklungsmaßnahmen zu definieren, die eine kontinuierliche Erhöhung der Lieferqualität oder eine Senkung der Beschaffungskosten ermöglichen. Das Versorgungsrisiko kann beispielsweise durch die kollaborative Optimierung unternehmensübergreifender Prozesse nachhaltig reduziert werden.

Mit einem frühzeitigen Aufbau von möglichen Alternativlieferanten und der gezielten Steuerung der Beschaffungsvolumen können Abhängigkeiten reduziert werden.

Zudem sollte die Beziehung zu strategisch wichtigen und zu schwer substituierbaren Lieferanten durch kooperative und integrative Maßnahmen gestärkt werden. Somit sichert man die Wettbewerbsfähigkeit des eigenen Unternehmens.

Aufgrund der langfristigen Ausrichtung sollten alle Maßnahmen zur Erreichung der strategischen Ziele im Rahmen eines kontinuierlichen Prozesses regelmäßig überprüft und gegebenenfalls angepasst werden (Helmold & Terry 2016).

Ein ideal aufgestelltes Lieferantenmanagement und der Ausbau eines qualifizierten Lieferantenstamms sind zwingend notwendig, um die Zukunftsfähigkeit der Unternehmen zu sichern.

> Branchenübergreifend gilt, wenn Zulieferer kurzfristig ausfallen, müssen flexible und agile Prozesse im Lieferantenmanagement funktionieren, um die Situation zu korrigieren.

Dann erweist sich, wie flexibel das Risikomanagement und wie belastbar das Supplier-Netzwerk der Unternehmen ist. Firmen, die ohne Zweit- oder Drittlieferanten operieren, haben das Nachsehen. Single Sourcing ist in einer immer globaler werdenden Welt mit fortschreitender Digitalisierung der Wirtschaft ein Auslaufmodell. Hohe Priorität für Global Player und KMU genießt darüber hinaus die Lieferantenintegration in den Produktionsprozess und damit die Lieferantenentwicklung.

Auftraggeber können durch intensive Schulung, Qualifizierung und Auditierung des Lieferanten die Wettbewerbsfähigkeit steigern – das gilt sowohl für die Neuproduktentwicklung als auch für die Prozessoptimierung. Deshalb sollten die Beschaffungsentscheider in den Unternehmen langfristige, hochwertige Partnerschaften mit ausgesuchten Lieferanten anstreben.

Bei der unternehmensinternen Umsetzung des Lieferantenmanagements ist eine intensive Zusammenarbeit zwischen dem Einkauf und den Fachabteilungen gefragt. Mitarbeiter aus Einkauf, Supply Chain Management, Logistik, Forschung, Qualitätsmanagement und Produktion sollten im Idealfall Teams bilden, die sich mit systematischem Lieferantenmanagement, der Standardisierung, der Reduzierung der Wertschöpfungstiefe, der Lieferantenintegration und dem Best Cost Country Sourcing beschäftigen. Die Teams schaffen durch gruppenweite Zusammenarbeit Know-how, um unentbehrliches Produkt-, Markt- und Lieferantenwissen zu generieren.

> Das strategische Lieferantenmanagement muss Teil der Unternehmensstrategie sein.

2.7 Definition der Unternehmensstrategie

Im Wettbewerb um Kunden und Märkte müssen Unternehmen täglich unzählige strategische, operative und taktische Entscheidungen treffen, um Wettbewerbsvorteile und die eigene Marktposition zu sichern oder auszubauen (Johnson et al. 2018). Das strategische Management und das strategische Lieferantenmanagement stellen Methoden und Werkzeuge zur Verfügung, mit denen Unternehmen nachhaltige und erfolgreiche Strategien entlang der gesamten Wertschöpfungskette entwickeln und umsetzen können. Damit beeinflussen sie die grundsätzliche Ausrichtung des Unternehmens und dienen dem Ziel, über die Generierung von Wettbewerbsvorteilen den langfristigen Unternehmenserfolg zu sichern (Mintzberg, Quinn & Ghoshal 1989).

Strategisches Management muss die gesamte Wertschöpfungskette mit all ihren Funktionen und Stakeholdern umfassen. Mittel hierzu sind hier die Evaluierung von Lieferantenmärkten, Erschließung von Absatzmärkten, die Positionierung im Markt, Internationalisierung, die Ausgestaltung der Ressourcenbasis des Unternehmens und Entscheidungen oder inwieweit Eigen- oder Fremdfertigungsumfänge zur Erstellung von Produkten und Dienstleistungen beitragen. Strategische Entscheidungen eines Unternehmens werden durch das höhere Management definiert und erfordern die taktische und operative Umsetzung. Der idealtypische Prozess des strategischen Managements besteht aus den Schritten strategische Analyse, strategische Optionen und strategische Umsetzung, wie Bild 2.8 zeigt. Diese drei Phasen sind laut Johnson and Scholes als strategisches Dreieck (engl.: Strategic Triangle) bekannt (Johnson et al. 2018).

Das strategische Dreieck ist die Grundlage für die Ausrichtung des Lieferantenmanagements.

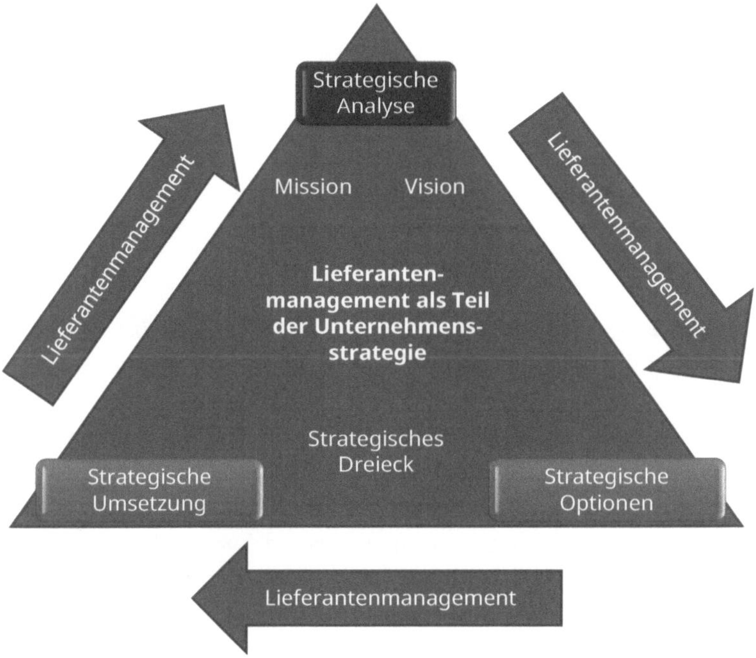

Bild 2.8 Strategisches Dreieck

2.7.1 Schritt 1: Strategische Analyse

Der erste Schritt des strategischen Dreiecks beginnt mit der strategischen Analyse (Johnson et al. 2018), wie in Bild 2.9 dargestellt. Diese dient der umfassenden Informationssammlung als Basis für die Strategieformulierung des Unternehmens. Sie besteht vor allem aus der Analyse und Prognose der Unternehmens-Umwelt, der Positionierung innerhalb der Industrie, den Erwartungshaltungen der Stakeholder, den eigenen Kompetenzen, den verfügbaren Ressourcen und den eigenen Fähigkeiten.

Unterstützende Methode: PESTEL-Analyse

Die Umweltanalyse (Makro-Analyse) kann beispielsweise mit der PESTEL-Analyse durchgeführt werden. Die PESTEL-Analyse umfasst alle Einflussfaktoren auf das Unternehmen. PESTEL steht für politische (Political), wirtschaftliche (Economic), sozio-kulturelle (Social), technologische (Technological), ökologisch-geografische (Environmental) und rechtliche (Legal) Einflussfaktoren.

Die Absicht der Stakeholder-orientierten Analyse (Erwartungen) im strategischen Management besteht darin, die Entwicklung erfolgsorientierter Strategien bewusst zu gestalten, indem die Erwartungshaltung aller relevanten Anspruchsgruppen untersucht und innerhalb der Strategie berücksichtigt werden. Dieses bewusste Gestalten dient dazu, den Ressourcenfluss zu sichern, auszubauen und einen möglichst großen Handlungsspielraum für das Unternehmen zu schaffen.

Unterstützende Methode: Five Forces

Für die Positionierung ist die Branchenstrukturanalyse (engl.: Porter's Five Forces oder Industry Analysis) ein geeignetes Werkzeug.

Die Branchenstrukturanalyse nach dem Fünf-Kräfte-Modell ist im strategischen Management ein von Michael E. Porter entwickeltes Hilfsmittel zur Strategieanalyse in der unternehmerischen Planung. Hierzu werden die fünf Kategorien der Branchenstruktur („Five Forces“) analysiert und bewertet. Diese sind die Verhandlungsmacht der Lieferanten, die Verhandlungsmacht der Kunden, die Bedrohung durch neue Wettbewerber, die Bedrohung durch Ersatzprodukte und die Wettbewerbsintensität in der Branche. Ein wichtiger Teil der strategischen Analyse umfasst die Untersuchung der eigenen Kompetenzen. Eigene Kompetenzen, in denen das Unternehmen besser als die Konkurrenz ist und dadurch ein Wettbewerbsvorteil erlangt werden kann, werden Kernkompetenzen genannt. Kernkompetenzen ergeben sich beispielsweise durch Innovationsführerschaft, einen hohen Qualitätsstandard, besondere Prozesse oder besseres Personal.

Die strategische Analyse wird durch die vier Merkmale Kundennutzen, Imitationsschutz, Differenzierung und Diversifikation determiniert. Ressourcen sind Mitarbeiter, Informationen, Mittel, Einsatzfaktoren, Geldmittel, Gegebenheiten oder Eigenschaften, um Ziele zu verfolgen, Anforderungen zu bewältigen, spezifische Handlungen zu tätigen oder einen Vorgang zielgerecht ablaufen zu lassen. Eine Ressource kann ein materielles oder immaterielles Gut sein. Ressourcen werden für die Umsetzung von Strategien benötigt (Rodrigo et al. 2018). Zu diesen Ressourcen gehören Wissen, Prozesse, Human Resources und Technologien. Gelegentlich werden auch weitere Faktoren wie Unternehmensarchitektur oder Reputation dazu gezählt. Neben Ressourcen sind die eigenen Fähigkeiten eines Unternehmens von zentraler Bedeutung. Die Fähigkeit bezieht sich darauf, was ein Unternehmen leisten kann. Kann beispielsweise die Produktion hochgefahren werden? Oder können technologisch anspruchsvolle Probleme gelöst werden? Die in der Unternehmensstrategie formulierten Ziele müssen zu den Fähigkeiten (engl.: Capabilities) des Unternehmens passen (Johnson et al. 2018).

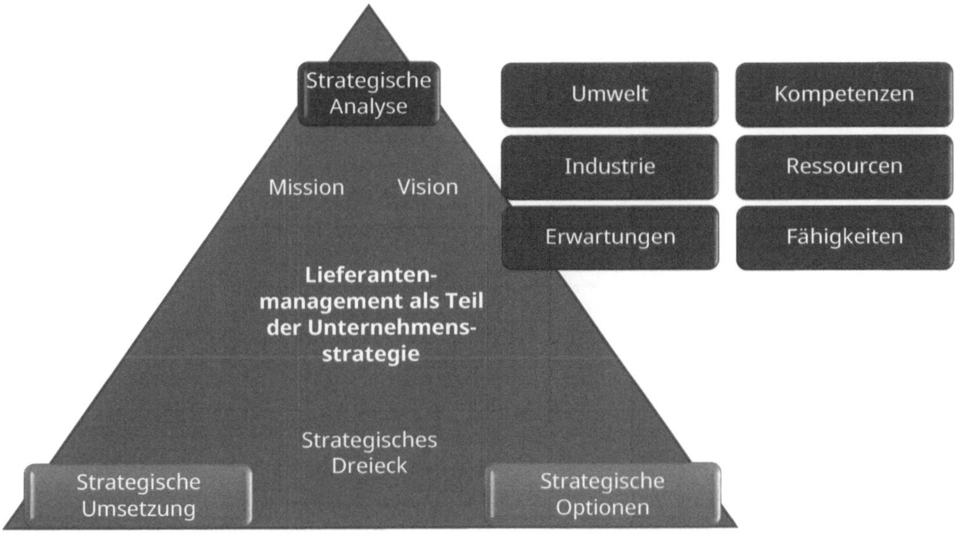

Bild 2.9 Strategische Analyse

2.7.2 Schritt 2: Strategische Optionen

Zur Formulierung der Strategie werden zunächst, basierend auf den Analysen in der vorhergehenden Phase „strategische Analyse“, Strategiealternativen und -optionen entwickelt, die zur Generierung von Wettbewerbsvorteilen geeignet erscheinen (Bild 2.10). Anhand von Beurteilungskriterien werden diese Alternativen anschließend bewertet, wobei Bewertungskriterien dabei die Unternehmensziele spiegeln müssen. Optionen sind vielfältig und beinhalten zentrale Schlüsselfragen wie Umfänge für Eigenfertigung, Umfänge für Fremdfertigung, Materialgruppenstrategien, Lieferantenstrategien oder Internationalisierungsstrategien (Helmold & Terry 2021). Unter den Alternativen wird nun diejenige ausgewählt, welche die bestmögliche Erreichung der Unternehmensziele verspricht. Sie stellt die zukünftige Unternehmensstrategie dar (Johnson et al. 2018).

Porter empfiehlt entweder die Kostenführerschaft (engl.: Cost-Leader) oder die Leistungsführerschaft (engl.: Differentiator) als Strategieoption auszuwählen, was sich auf das Lieferantenmanagement und die Gestaltung der geeigneten Lieferantennetzwerke auswirkt (Porter 1985). Diese generischen Strategien können branchenweit oder nur in einer Branche fokussiert werden. Die Kostenführerschaft fokussiert optimale Kosten, die Leistungsführerschaft konzentriert sich auf Alleinstellungsmerkmale in Qualität oder anderen Bereichen aus Sicht des Kunden. Beide strategische Ausrichtungen erfordern die langfristige Integration der Lieferantenseite in die eigenen Prozesse. Neben den generischen Strategien gibt es zahlreiche weitere Strategien wie Internationalisierungsstrategien, Segmentierungsstrategien, Zielgruppenstrategien, Markterschließungsstrategien oder Positionierungsstrategien, die ebenso das Lieferantenmanagement beeinflussen.

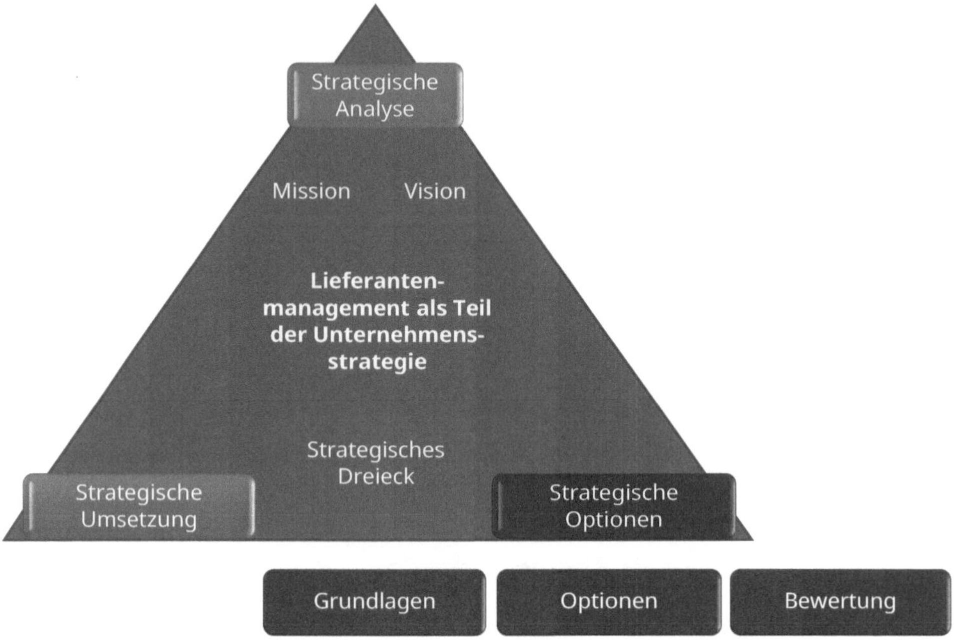

Bild 2.10 Strategische Optionen

2.7.3 Schritt 3: Strategische Umsetzung

Ist eine Strategie gewählt, so gilt es, diese erfolgreich umzusetzen, d.h. sie in konkrete Handlungen zu überführen, welche das Unternehmen in Richtung der formulierten Strategie lenken (Porter 1985). Hierzu ist es zunächst erforderlich, die Strategie so weit zu operationalisieren, dass das Management auf allen Ebenen damit Ziele verbindet, die seinem jeweiligen Verantwortungsbereich entsprechen. Dieses hierarchische Herunterbrechen von Zielen findet seinen Niederschlag häufig in einer strategischen und operativen Planung, die der strategiekonformen Steuerung der Ressourcen dient (Porter 1985).

Damit Strategie in einem Unternehmen gelebt wird, muss sie mit den Strukturen und Systemen im Unternehmen harmonieren. Die strategische Implementierung muss daher immer auch von einer entsprechenden Gestaltung von Organisation, Prozessen, Management-Informations- und -Anreizsystemen begleitet werden (Johnson & Scholes 1997). Neben diesen Voraussetzungen müssen die Mitarbeiter für die Umsetzung der Strategie gewonnen und begeistert werden. Information,

Motivation und Qualifikation der Mitarbeiter, also Veränderungsmanagement, spielt hierbei eine wichtige Rolle.

Das letzte wichtige Element in der Strategie-Implementierung stellt die systematische Kontrolle dar. Diese bezieht sich auf den Fortschritt der Umsetzung, die Wirksamkeit der Maßnahmen und den Erfolg der Strategie für das Unternehmen. Ebenfalls eine Form der Kontrolle stellt das kontinuierliche Überwachen der Prämissen der gewählten Strategie dar. Ändern sich die Bedingungen im Umfeld des Unternehmens, so kann eine erneute Anpassung der Strategie erforderlich werden. Die Prämissenkontrolle ist identisch mit der strategischen Analyse, wodurch klar wird, dass es sich beim Strategischen Management um einen kontinuierlichen Prozess handelt.

Strategisches Management findet auf mehreren Ebenen statt. Auf Unternehmensebene stehen vor allem Fragen der Steuerung des Portfolios an Geschäftsfeldern im Vordergrund. Insbesondere muss die Unternehmensstrategie (engl.: Corporate Strategy) sicherstellen, dass das Gesamtunternehmen mehr wert ist als die Summe der einzelnen Geschäfte (Johnson & Scholes 1997). Umfasst ein Unternehmen mehrere Geschäftsfelder, so findet Strategisches Management darüber hinaus auch auf Geschäftsfeldebene statt. Schwerpunkt der Geschäftsfeldstrategie (engl.: Business Strategy) stellt das Verhalten des Unternehmens im jeweiligen Markt- und Wettbewerbsumfeld dar. Man spricht daher häufig auch von der Wettbewerbsstrategie (Porter 1985). Im Zusammenhang mit der Gesamtstrategie wird oft von den vorgeordneten Konzepten der Mission, Vision und des Unternehmensleitbilds gesprochen sowie vom Strategischen Management. Als nachgeordnet werden Teilstrategien oder strategische Zielsetzungen (Verkaufsstrategien, Beschaffungsstrategien, Eigen- oder Fremdfertigungsstrategien, Marketing-Strategien, Finanzstrategien etc.) definiert, die taktisch (mittelfristig) umgesetzt werden müssen. In diesem Zusammenhang sind Lieferantenmanagement mit internen oder externen Interessenvertretern und Anspruchsgruppen (engl.: Stakeholders) notwendig. Als Anspruchsgruppen gelten alle Gruppen, die indirekt oder direkt an der Leistungserstellung des Unternehmens involviert sind. Anspruchsgruppen sind Kunden, Lieferanten, Banken, das Finanzamt oder andere Gruppen.

Bild 2.11 zeigt die Einbindung des Lieferantenmanagements in die Gesamtstrategie eines Unternehmens.

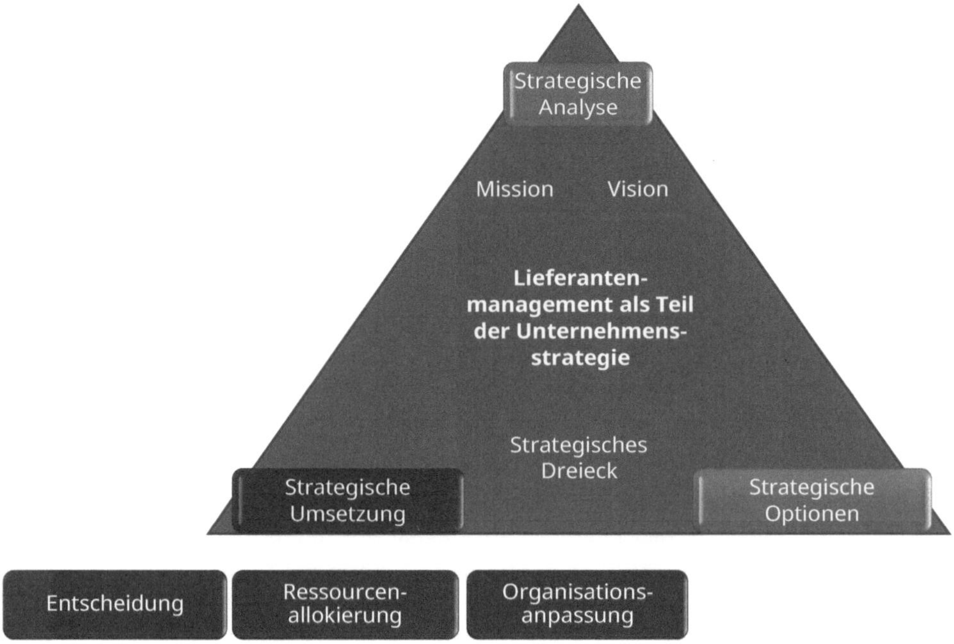

Bild 2.11 Strategische Umsetzung

Das strategische Dreieck beinhaltet die drei Phasen Analyse, Auswahl und Implementierung.

2.8 Empfehlungen für Unternehmen

Aus den jeweiligen Studien, Themenbereichen und Kapiteln können zielgerichtete Handlungsempfehlungen abgeleitet werden, die in Tabelle 2.3 dargestellt sind.

Tabelle 2.3 Empfehlungen für das Lieferantenmanagement

Schritt	Empfehlung
1.	Unternehmen müssen ihre Unternehmensstrategie so ausrichten, dass das agile, moderne und zukunftsorientierte Lieferantenmanagement der zentrale Bestandteil des Unternehmens ist.
2.	Unternehmen müssen ein Zukunftsteam aufstellen, welches sich unter Anleitung eines Experten damit befasst, wie das zukünftige Lieferantenmanagement aussehen muss.

Schritt	Empfehlung
3.	Diversität, Interdisziplinarität und Handlungsfreiheit des Zukunftsteams sind wichtige Kriterien für den Erfolg der zukünftigen Ausrichtung.
4.	Ein strategischer Plan mit Meilensteinen und Erfolgskriterien muss vom Zukunftsteam mit Unterstützung der Unternehmensführung generiert werden.
5.	Das Top-Management muss Aufbauorganisation und Abläufe auf die neue und zentrale Querschnittsfunktion des Lieferantenmanagements ausrichten.
6.	Das neue Rollenbild des Lieferantenmanagers benötigt neue und erweiterte Kompetenzen, die analysiert und auf die Mitarbeiter übertragen werden müssen.
7.	Das Lieferantenmanagement muss strategische und präventive Werkzeuge entwickeln und zur Verbesserung der Lieferantenperformance einsetzen.
8.	Das Unternehmen muss sich mit dem Change Manager Lieferantenmanagement als zentrale Rolle stetig neu auf Trends, Abläufe und Marktgegebenheiten einstellen und ausrichten.
9.	Künstliche Intelligenz (KI), Algorithmen und digitale Werkzeuge werden das Lieferantenmanagement nachhaltig zu wertschöpfenden Aktivitäten transformieren.
10.	Nachhaltigkeit spielt eine zentrale Rolle bei der Aufstellung von nationalen oder internationalen Wertschöpfungsnetzwerken.

■ Literatur

BME (2018) *Bundesverband Materialwirtschaft, Einkauf und Logistik. Mittelstandspreis geht an Jokey.* 10.11.2017. Abgerufen am 18.5.2018. *https://www.bme.de/jokey-group-gewinnt-den-bme-innovationspreis-2017-2330/.*

Büsch, M.: (2012) *Praxishandbuch Strategischer Einkauf: Methoden, Verfahren, Arbeitsblätter für professionelles Beschaffungsmanagement (German Edition).* 3. Auflage. Springer, Wiesbaden.

Büsch, M.: (2019) *Fahrplan zur Transformation des Einkaufs.* Springer, Wiesbaden.

Dathe, T.; Helmold M.: (2018) *Erfolg im Chinageschäft. Handlungsempfehlungen für kleine und mittlere Unternehmen (KMU).* Springer, Wiesbaden.

Dathe, T.; Helmold, M.: (2018) *Erfolg im Chinageschäft. Handlungsempfehlungen für kleine und mittlere Unternehmen (KMU).* Springer, Wiesbaden.

Dust, R.: (2019) *Total Supplier Management.* Hanser Verlag, München.

Helmold, M.: (2020) *Lean Management and Kaizen. Fundamentals from Cases and Examples in Operations and Supply Chain Management.* Springer, Cham.

Helmold, M.: (2021) *Successful Management Strategies and Tools. Industry Insights, Case Studies and Best Practices.* Springer, Cham.

Helmold, M.; Einmahl, R.; Rassmann, K.: (2020) *In IUBH Discussion paper. Lessons from the COVID-19 Situation: Rethinking Global Supply Chain Networks and Strengthening Supply Management in Public Procurement in Germany.* Abgerufen 31.10.2020. *https://www.iubhuniversity.de/wp-content/uploads/DP_Logistik_Helmold_4_2020fin.pdf.*

Helmold, M.; Terry, B.: (2016) *Lieferantenmanagement 2030. Wertschöpfung und Sicherung der Wettbewerbsfähigkeit in digitalen und globalen Märkten.* Springer, Wiesbaden.

Helmold, M.; Terry, B.: (2021) *Operations and Supply Management 4.0. Industry Insights, Case Studies and Best Practices.* Springer, Cham.

Immerthal, L.: (2017) Lieferantenmanagement im Wandel. Die Digitalisierung im

Johnson, G.: (2018) *Strategisches Management: Eine Einführung (Pearson Studium – Economic BWL).* Pearson, London.

Johnson, G.; Scholes, K.: (1997) *Exploring Corporate Strategy. Text and Cases.* 4th Edition. Prentice Hall, London.

Kleeman, F.; Glas, A.: (2020) *Einkauf 4.0. Digitale Transformation der Beschaffung.* Springer, Wiesbaden.

Kolev, G.; Obst, T.: (2020) *Die Abhängigkeit der deutschen Wirtschaft von internationalen Lieferketten.* Institut der deutschen Wirtschaft. IW-Report Nr. 16. 23. April 2020. Abgerufen 31.10.2020. *https://www.iwkoeln.de/studien/iw-reports/beitrag/galina-kolev-thomas-obst-die-abhaengigkeit-der-deutschen-wirtschaft-von-internationalen-lieferketten.html.*

Lieferantenmanagement beginnt mit guter Kommunikation, in: *Beschaffung aktuell.* Abgerufen 31.10.2020. *https://beschaffung-aktuell.industrie.de/einkauf/die-digitalisierung-im-lieferantenmanagement-beginnt-mit-guter-kommunikation/.*

Porter, M.E.: (1985) *Competitive Advantage. Creating and sustaining superior Performance.* Free Press, New York.

Rodrigo, G.: (2018) *Which resources and capabilities underpin strategic key account management?* Industrial Marketing Management, Volume 75, November 2018, Pages 160 – 172.

Schupp, F.; Wöhner, H.: (2017) *Digitalisierung im Einkauf.* Springer, Wiesbaden.

Schwarz, E.: (2019) Porsche 911. Hand in Hand zum Erfolg, in: *Porsche Newsroom.* 14.10.2020. *https://newsroom.porsche.com/de/2019/unternehmen/porsche-beschaffungs-vorstand-uwekarsten-staedter-911-zulieferer-17084.html.*

3 Entwicklung der Lieferantenstrategie

Das Lieferantenmanagement besteht insgesamt aus sechs aufeinanderfolgenden und logischen Phasen, die für stabile und wertschöpfende Lieferketten sorgen. Die erste Phase im Lieferantenmanagement ist die Lieferantenstrategie. In diesem Schritt werden wichtige Fragen und Schlüsselelemente definiert:

- Planung und Steuerung strategischer Fragen im Lieferantenmanagement
- Richtige Klassifizierung in Vorzugs-, Alternativ- oder Marktlieferanten
- Auswahl der richtigen Lieferanten für die richtigen Materialgruppen
- Anwendung der richtigen Werkzeuge im Lieferantenmanagement
- Richtige Abwägung zwischen Eigenfertigung und Fremdbezug
- Auswahl der richtigen Digitalisierungsstrategie und Anbindung der Lieferanten
- Sicherstellung der Nachhaltigkeit über die gesamte Wertschöpfungskette
- Sicherstellung der Kompetenzanforderung in der Organisation

Durch die Verlagerung von Prozessen und Produkten auf Wertschöpfungsnetzwerke und Lieferanten, die im stetigen Wettbewerb zu einander stehen, entstehen neue Leitbilder, Strategien und Handlungsmaßnahmen, die zu bewältigen sind. Der Fokus des Lieferantenmanagements liegt somit schon lange nicht mehr nur auf der Hebung unternehmensinterner Kostenvorteile, sondern viel mehr im Informationsaustausch und der Ausschöpfung der globalen unternehmensübergreifenden Potenziale.

> In Phase eins wird mit dem strategischen Lieferantenmanagement das Ziel verfolgt, eine einheitliche Methodik für die Analyse potenzieller und bestehender Lieferanten bereitzustellen, um basierend auf den Ergebnissen strategische Entscheidungen zu treffen.

Auf operativer Ebene bedeutet dies, die Leistung der Lieferanten vergleichbar zu machen, Optimierungspotenziale aufzudecken und Beschaffungskosten zu senken. Die strategische Dimension des Lieferantenmanagements zielt dagegen vor allem darauf ab, basierend auf einer transparenten Entscheidungsgrundlage geeignete Beschaffungsstrategien zu definieren, um Versorgungsrisiken und Abhängigkeiten zu senken und die Beschaffungsqualität zu erhöhen.

Die strategischen Ziele des Lieferantenmanagements befassen sich mit der mittel- bis langfristigen Optimierung der Lieferantenbasis des Unternehmens. Ausgehend von lieferanten-, kategorie- oder materialgruppenspezifischen Beschaffungsstrategien gilt es, präzise Entwicklungsmaßnahmen zu definieren, die eine kontinuierliche Erhöhung der Lieferqualität oder eine Senkung der Beschaffungskosten ermöglichen. Das Versorgungsrisiko kann beispielsweise durch die kollaborative Optimierung unternehmensübergreifender Prozesse nachhaltig reduziert werden.

Der frühzeitige Aufbau von möglichen Alternativlieferanten und die gezielte Steuerung der Beschaffungsvolumen beugen Abhängigkeiten des Unternehmens vor.

Bild 3.1 zeigt die erste der sechs Phasen der Lieferantenstrategie. Zudem sollte die Beziehung zu strategisch wichtigen und zu schwer substituierbaren Lieferanten durch kooperative und integrative Maßnahmen gestärkt werden. Somit sichert man die Wettbewerbsfähigkeit des eigenen Unternehmens. Aufgrund der langfristigen Ausrichtung sollten alle Maßnahmen zur Erreichung der strategischen Ziele im Rahmen eines kontinuierlichen Prozesses regelmäßig überprüft und gegebenenfalls angepasst werden.

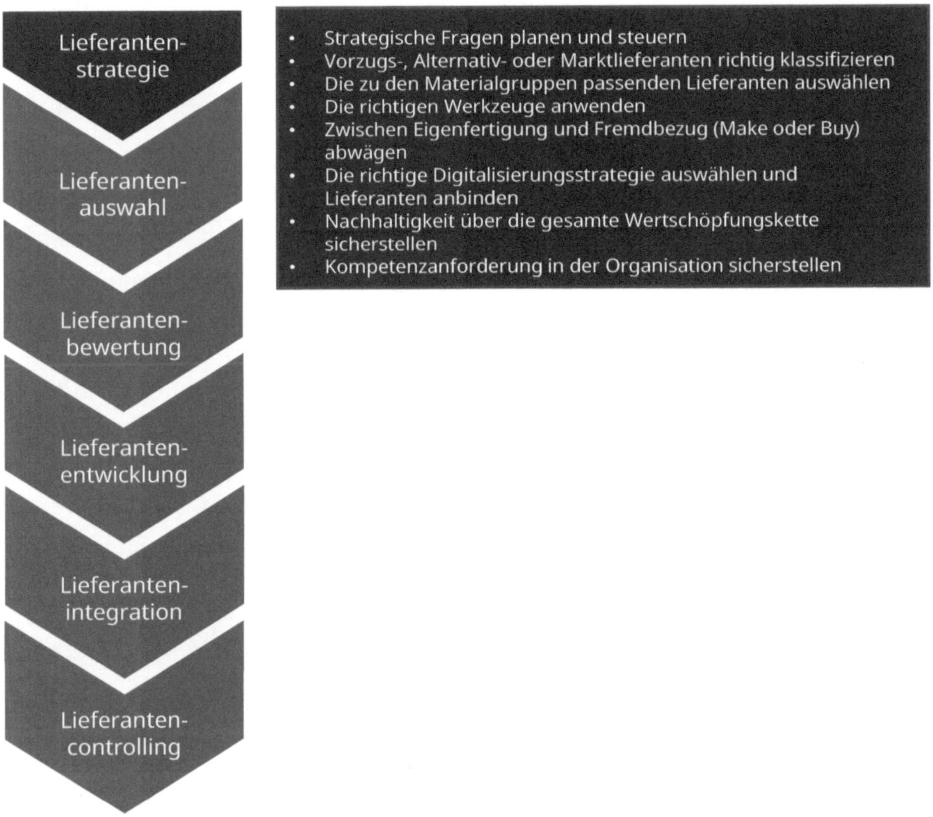

Bild 3.1 Lieferantenstrategie

3.1 Strategische Fragen planen und steuern

Die Phase Lieferantenstrategie beinhaltet die Planung und Steuerung strategischer Fragen hinsichtlich der Lieferanten. Neben der Klassifizierung von Lieferanten in Vorzugs-, Alternativ- oder Marktlieferanten sind Materialgruppenstrategien und -segmentierung zentrale Punkte innerhalb dieser Phase. Auch können schon perspektivisch Werkzeuge definiert werden, die mit Lieferanten eingesetzt werden können.

3.2 Vorzugs-, Alternativ- oder Marktlieferanten richtig klassifizieren

Im Rahmen der Lieferantenklassifizierung erfolgt eine Eingruppierung der Lieferanten in unternehmensweite Klassen nach Vorzugs-, Alternativ-, Benchmark-, Markt- und anderen Lieferanten:

- Vorzugslieferanten sind ausgewählte Lieferanten mit hervorragenden Leistungsmerkmalen hinsichtlich Innovation, Qualität, Kosten, Lieferzuverlässigkeit, Nachhaltigkeit und Prozessen. Vorzugslieferanten (engl.: Preferred Supplier) werden vorzugsweise behandelt und erhalten festgelegte Volumina, Auftragsumfänge und Beschaffungsquoten. Vorzugslieferanten werden meist frühzeitig in den Entwicklungs- und Produktentstehungsprozess des eigenen Unternehmens mit eingebunden. Das Verhältnis ist partnerschaftlich aufgebaut.
- Alternativlieferanten sind Lieferanten, die neben den Vorzugslieferanten eingesetzt werden können. Alternativlieferanten sind im Bieterkreis, haben aber eine nicht so gute Performance wie die Vorzugslieferanten im Hinblick auf Qualitäts-, Kosten-, Liefer- und anderen Merkmalen, daher erhalten diese meist nur kleinere Umfänge und Beschaffungsquoten.
- Nach den Alternativlieferanten folgen Benchmarklieferanten, die als Vergleichsgrößen dienen und in den Bieterkreis mit aufgenommen werden können. Benchmarking im Lieferantenmanagement ist eine sinnvolle Methode zur systematischen und strukturierten Informationsgewinnung und zum Vergleich von Lieferanten anhand von Merkmalen wie Innovationskraft, Technologieführerschaft, Kosteneffizienz oder Qualitätsbewusstsein. Benchmarking ist damit ein ständiger kreativer Leistungsprozess zur Verbesserung des Lieferantenportfolios durch Ermittlung und Vergleich der besten bekannten Leistungen bestehender Lieferanten und dem Vergleich mit neuen Lieferanten, die besonders starke Leistungsmerkmale aufzeigen (engl.: Benchmark; Vergleich mit dem Besten, Best-Practice). Durch Übernahme und weitere kontinuierliche Verbesserungen der identifizierten Best-Practice-Prozesse werden die Leistungsfähigkeit des eigenen Bereichs, die Wettbewerbsfähigkeit und so letztlich die Kundenzufriedenheit verbessert. So gesehen bietet ein Benchmarkingprojekt im Rahmen einer Ausschreibung die Möglichkeit des Vergleichs mit besten Lösungen, zeigt Defizite und Schwachstellen auf, klärt den Handlungsbedarf und kann als ideales Werkzeug für die Entwicklung neuer Lieferanten und einen stetigen Wettbewerb verwendet werden. Benchmarking ist nicht nur ein Kennzahlen- oder Betriebsvergleich, sondern ist eine umfassende, ganzheitlich anwendbare Prozessanalyse zur Leistungsverbesserung, die für alle Leistungsbereiche und das gesamte Unternehmen angewendet werden kann.

- Nach den Benchmarklieferanten folgen Marktlieferanten und alle übrigen Lieferanten. Marktlieferanten können bei Befähigung und einer Evaluierung des Lieferantenmanagements in den Kreis der Benchmarklieferanten aufgenommen werden (Büsch 2019). Alle übrigen Lieferanten finden keine Berücksichtigung (Helmold & Terry 2016). Bild 3.2 zeigt die Lieferantenpyramide mit den Klassifizierungen.

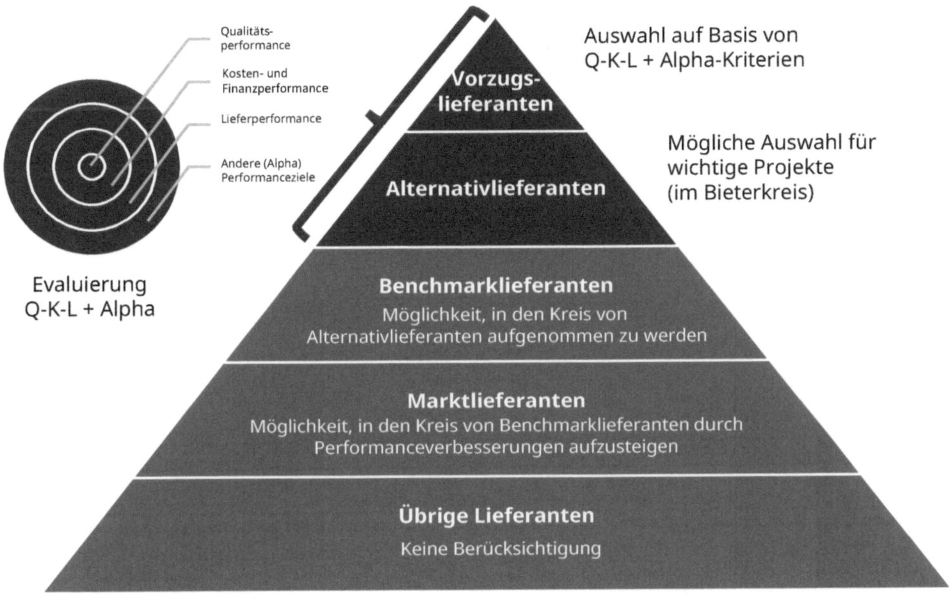

Bild 3.2 Lieferantenklassifizierung von Vorzugs- und Alternativlieferanten

> Lieferanten werden in Vorzugs-, Alternativ-, Benchmark- und Marktlieferanten eingeteilt. Unternehmen konzentrieren sich auf Vorzugs- und Alternativlieferanten.

3.3 Die zu den Materialgruppen passenden Lieferanten auswählen

Materialgruppenmanagement (MGM) ist ein Instrument der modernen Einkaufsorganisation. Im Gegensatz zum vertriebsorientierten Warengruppenmanagement werden beim Materialgruppenmanagement die Materialien und Dienstleistungen beschaffungsmarktorientiert strukturiert (Heß 2010). Darauf aufbauend werden für das jeweilige Unternehmen in interdisziplinärer Teamarbeit Beschaffungsstrategien für Material und Lieferant definiert und Maßnahmen zur Verbesserung des Ergebnisbeitrags beziehungsweise der Senkung der Kosten im Einkauf je Material erarbeitet. Voraussetzung für das Materialgruppenmanagement ist eine für die jeweilige Gruppe benannte, verantwortliche Person (Lieferanten- oder Materialgruppenmanager). Der Materialgruppenmanager verantwortet alle zum Materialfeld zugehörigen Aktivitäten. Eine solche Spezialisierung gewährleistet eine umfassende technische und beschaffungsmarktbezogene Kompetenz. Die Vorgehensweise gliedert sich in drei Schritte:

1. Strukturierung des Beschaffungsvolumens in aussagekräftige Kategorien
2. Analyse der Einkaufsvolumina anhand von historischen Daten inklusive der Aufbereitung einer Bedarfsprognose
3. Strategiedefinition für die betrachteten Warengruppen in interdisziplinären Workshops

Wesentlich für den Erfolg des Projekts ist insbesondere die Strategiedefinition, in der mindestens die folgenden Aufgaben bearbeitet werden sollten:

- Koordination aller Beschaffungsvorgänge
- Ständige Optimierung der Kommunikation zwischen Material- und Lieferantendaten
- Koordination der Bestände und des Materialflusses
- Analyse der für die Materialgruppen wichtigen Beschaffungsmärkte
- Analyse und Gestaltung der Beschaffungsprozesse für die Materialgruppen

Darüber hinaus werden oft die Standardisierung des Beschaffungssortiments und die Bündelung von Einkaufsbedarfe als wesentliche (Teil-)Aufgaben benannt.

Typische Vorteile des MGM sind Senkung der Prozesskosten, niedrigere Einkaufspreise, Optimiertes Artikel- bzw. Lieferantenportfolio (Lieferantenstruktur) sowie eine bessere Lieferantenleistung.

Das Materialgruppenmanagement weicht somit deutlich von der klassischen Einkaufsoptimierung ab, deren ausschließliches Ziel es ist, den niedrigsten Preis für ein Material zu erzielen. Durch das MGM wird die Rolle des Einkäufers deutlich aufgewertet, indem er als Manager für systematische Materialkostenoptimierung gilt, statt ausschließlich für die Beschaffung von Gütern mit von den Bedarfsträgern vorgegebenen Spezifikationen zuständig zu sein. Eine methodische Erweiterung des MGM ist das Materialkostenmanagement (MKM), bei dem der Erfolg der Initiative gegen potenziell erreichbare Ziel-/Grenzkosten gemessen wird. Das Materialkostenmanagement kann somit auch als strategisches Steuerungsinstrument und für die Definition von Langfristzielen genutzt werden.

In vielen Fällen verwenden Unternehmen Materialgruppenschlüssel. Mit dem Materialgruppenschlüssel werden die einzelnen Materialgruppen und Untergruppen eines Unternehmens transparent angesprochen. Der Einkauf benötigt den Materialgruppenschlüssel zur konzern- und unternehmensumfassenden Ermittlung der konsolidierten Beschaffungsvolumen und des globalen Bedarfs. Voll entwickelte und etablierte Materialgruppen erleichtern Unternehmen die Verwendung von Materialgruppenschlüsseln (Bogaschewsky 2007). Oft werden die Materialgruppen zweckmäßig in drei Klassen eingeteilt. Die Materialgruppen der Klasse A sind wertmäßig sehr hoch, mengenmäßig jedoch sehr gering, Klasse B ist mengen- und wertmäßig mittelklassig und Klasse C ist wertmäßig sehr gering, dafür jedoch mengenmäßig sehr groß.

Eine Material- oder Produktgruppe oder Kategorie (engl.: Commodity oder Category) fasst jeweils unterschiedliche Einzelteile oder Kategorien in einer Materialgruppe zusammen, die meist aus demselben Grundmaterial bzw. Rohstoff hergestellt oder in eine gleiche Kategorie eingeteilt werden können. Die Unterscheidung von Materialgruppen kann frei festgelegt werden und relativ grob oder auch fein sein, dies hängt von dem jeweiligen Zweck ab. Beispiele für Materialgruppen: Eisen oder eisenhaltiges Metall, Kupfer, Kunststoff, Gummi, Leder, Holz usw. Andere Aufteilungen erfolgen z. B. nach Elektrik, Mechanik, Aluminium oder Stahl. Des Weiteren werden die Materialgruppen und Marktsegmente oftmals in die folgenden Klassifizierungen eingeteilt, aus denen Beschaffungsstrategien abgeleitet werden können (Helmold & Terry 2021):

- Unkritische Produkte (Materialgruppen) und Marktsegmente
- Flaschenhalsprodukte (Materialgruppen) und Marktsegmente
- Hebelprodukte (Materialgruppen) und Marktsegmente
- Strategische Produkte (Materialgruppen) und Marktsegmente

Für Engpassmaterialien ist das oberste Ziel die Versorgung zu sichern. Die lokalen Märkte boten und bieten für Engpassmaterialien in der Regel nur unzureichende Bezugsmöglichkeiten. Daher muss der globale Beschaffungsmarkt betrachtet werden. In der Vergangenheit reduzierte dies das Versorgungsrisiko. Heute sind allerdings zusätzliche Strategien gefragt.

> Die Erweiterung der Lieferantenanzahl verringert die Abhängigkeit von einzelnen Lieferanten für Engpassmaterialien. Auch die Standardisierung von Engpassmaterialien reduziert das Versorgungsrisiko.

Dabei steht nicht der Einstandspreis des Materials im Vordergrund, sondern die Sicherung der Versorgung. Da es sich meistens um geringwertige Einzelteile handelt, ist eine Produktentwicklung eher nicht bedeutend.

Bild 3.4 zeigt die möglichen Materialgruppenstrategien. Diese Matrix ist nach strategischen, Hebel-, Flaschenhals- und unkritischen Materialgruppen und Marktsegmenten (Lieferanten) untergliedert:

- Bei strategischen Produkten empfiehlt es sich, eine enge Bindung mit den Lieferanten einzugehen. Dies kann durch Kollaboration, gemeinsame oder konkurrente Entwicklungsprojekte, Kooperationen oder Unternehmenszusammenschlüsse (z. B. Gründung eines neuen Unternehmens oder eines Joint Venture) stattfinden.
- Für Hebelprodukte sollten Unternehmen Volumina bündeln und proaktiv auf potenzielle Lieferanten zugehen, um hier die ideale Strategie zu erreichen. Auch können Einkaufskooperationen helfen, Vorteile am Markt zu erlangen.
- Bei Engpassprodukten (Flaschenhalsprodukte) muss die Strategie auf Bedarfssicherheit gelegt werden, sodass sich langfristige Verträge als vorteilhaft erweisen. Globale Ausschreibungen oder die Substitution sind weitere Strategien, um die Versorgungssicherheit zu gewährleisten.
- Bei unkritischen Produkten (Normprodukte oder Standardprodukte) ist es dagegen vorteilhaft, den Markt regelmäßig zu untersuchen und das Potenzial auszuschöpfen. B2B-Plattformen, C-Teile-Management aus einer Quelle oder die Bündelung von Bedarfen nach einer detaillierten Marktuntersuchung (Helmold & Terry 2016).

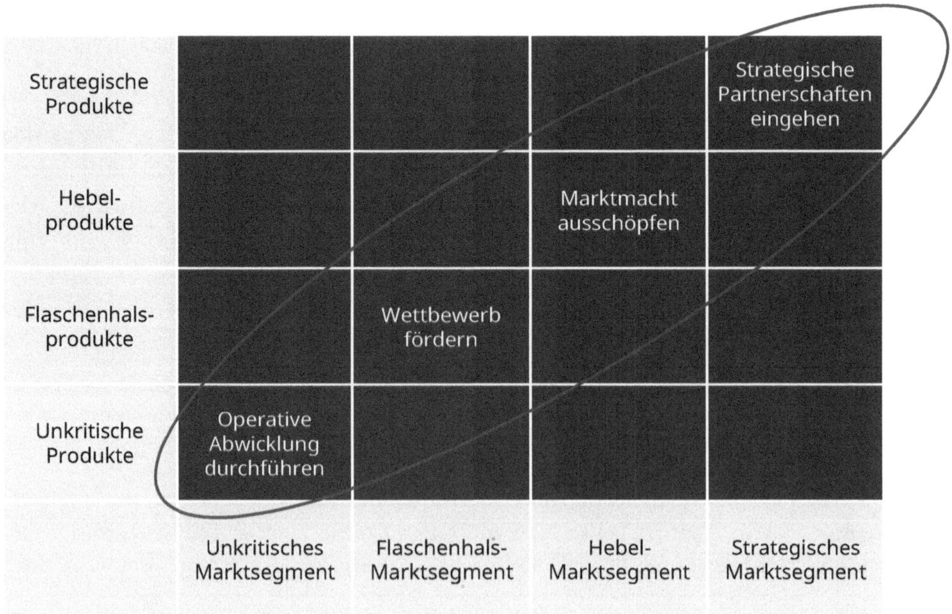

Bild 3.3 Handlungsempfehlungen für Produkte (Materialgruppen) und Marktsegmente

3.4 Die richtigen Werkzeuge anwenden

Das Lieferantenmanagement ist die zentrale Funktion, die in Abstimmung mit den anderen Fachabteilungen Maßnahmen und den Einsatz von Werkzeugen bzw. Tools planen und umsetzen muss. Das muss innerhalb aller Phasen im Lieferantenmanagement geschehen. Werkzeuge können Auditierungen, Workshops, Lieferantenbewertungen oder gemeinsame Projekte beinhalten.

3.5 Zwischen Eigenfertigung und Fremdbezug (Make oder Buy) abwägen

Eine Make-or-Buy-Entscheidung adressiert die Eigenfertigung oder den Fremdbezug eines Produkts. Es geht darum, ein Produkt selbst zu produzieren (Make) oder es einzukaufen (Buy):

- Unter der betrieblichen Funktion der Produktion wird Eigenfertigung verstanden. Güter werden mit eigenen Ressourcen, Mitarbeitern, Produktionsfaktoren und Produktionsverfahren hergestellt. Eigenfertigung bedeutet eine Internalisierung, also die Organisation wirtschaftlicher Aktivitäten und Herstellung einer Materialgruppe in der eigenen Unternehmensorganisation.
- Fremdfertigung bedeutet dagegen, dass Materialgruppen und Fertigungsumfänge an Lieferanten ausgelagert werden (Outsourcing). Bei der Fremdfertigung fallen in der Regel nur variable Kosten an.

Bei Eigenfertigung kommen die Fixkosten hinzu. Die Differenz zwischen beiden variablen Kostenbeträgen wird genutzt, um die fixen Kosten mit jedem Stück mehr zu decken (Fixkostendegression), bis diese komplett abgedeckt sind.

Vorteile beim Fremdbezug sind:

- Konzentration auf Kernkompetenzen und Fokussierung der Aktivitäten und Ressourcen auf das eigene Kerngeschäft
- Möglichkeit und Chance, ein proaktives und präventives Lieferantenmanagement zu etablieren
- Verringerung der Fertigungstiefe und Transformation hin zu einer schlanken Produktionsstruktur
- Langfristige Optimierung der Kostenstruktur durch den Abbau von Fixkosten bzw. den Wandel von fixen zu variablen Kosten
- Verbesserung der Liquiditätssituation und ggf. Verbesserung der Bilanzrelationen (u. a. durch Reduzierung des Verschuldungsgrades, wenn Investitionen, für die Kredite aufgenommen werden müssen, nicht getätigt werden)

- Flexibles Reagieren auf Nachfrageänderung möglich und Verlagerung eines Teils des unternehmerischen Risikos auf den Zulieferer
- Möglichkeit von Partnerschaften und dem Erhalt von Innovationen, die nicht im eigenen Kompetenzbereich liegen

Nachteile bei Fremdbezug sind:

- Tiefgreifende Einschnitte in bestehende Strukturen bei Auslagerungen und Unruhe in der Belegschaft
- Verlust von Know-how und Personal mit einer möglicherweise signifikanten Abhängigkeit von einem Anbieter
- Langfristige Bindung an Lieferanten schränkt Flexibilität ein, selber aktiv auf Marktänderungen zu reagieren
- Möglichkeit, dass Betriebsgeheimnisse nicht gewahrt werden, insbesondere im internationalen Geschäft
- Steigender Koordinationsaufwand, insbesondere in der Logistik und anderen Abteilungen, die in dem Wertschöpfungsprozess sind

Bild 3.4 zeigt Handlungsempfehlungen für Unternehmen nach strategischer Wichtigkeit und Relevanz der Materialgruppe auf der Y-Achse und Fähigkeiten und Kompetenzen zur Entwicklung und Fertigung der Materialgruppe auf der X-Achse auf. Unternehmen müssen sich auf ihre eigenen Fähigkeiten und Kompetenzen zur Entwicklung und Fertigung der Materialgruppe konzentrieren und in diesem Segment eine Strategie der Eigenfertigung (Make) bevorzugen, insbesondere wenn strategische Wichtigkeit und Relevanz der Materialgruppe sehr hoch ist.

Bei gleichhohen Fähigkeiten und Kompetenzen für eine Produktgruppe, aber einer relativ niedrigen strategischen Relevanz und Wertigkeit kann eine Hybridstrategie mit einer teilweisen Auslagerung erfolgen. Jedoch müssen Unternehmen sicherstellen, dass das Wissen für diese Materialgruppe weiter in dem eigenen Unternehmen verbleibt.

Sollte das eigene Unternehmen keine Kompetenzen in einer speziellen Materialgruppe verfügen, die eine hohe strategische Bedeutung hat, so sind hier partnerschaftliche Kooperationen mit einem oder wenigen Lieferanten (Fremdfertigung oder Buy) zu empfehlen. Aufgrund der strategischen Bedeutung lohnen sich Langzeitverträge, Kooperationen oder gemeinsame Projektentwicklungen mit den Lieferanten zu verfolgen.

Bei weniger relevanten Materialgruppen und keinem Know-how in dem eigenen Unternehmen können das Marktpotenzial und der Wettbewerb voll ausgeschöpft werden. Die Entscheidung für Fremdbezug sollte also sorgfältig überlegt werden. Daher gilt es, sich im Vorfeld Gedanken über grundsätzliche Vor- und Nachteile zu machen. Einige wichtige sind nachstehend festgehalten.

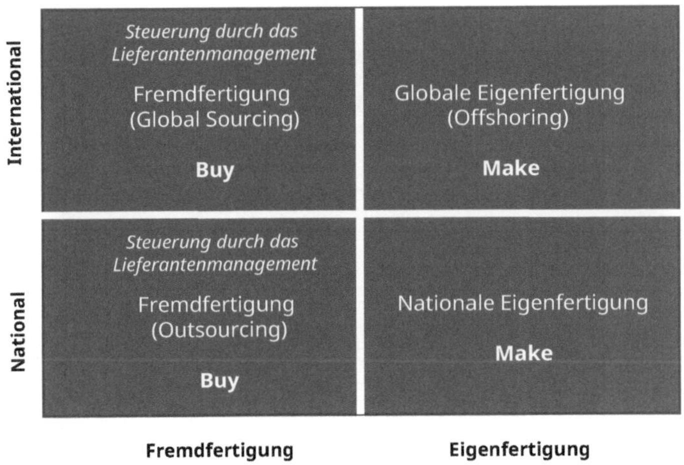

Bild 3.4
Make- oder Buy-Matrix

3.6 Die richtige Digitalisierungsstrategie und Lieferanten auswählen

Im Rahmen der Definition der richtigen Lieferantenstrategie ist die digitale Einbindung von Lieferanten ein wichtiger Aspekt (Immerthal 2017). Die Einbindung und Kollaboration kann in unterschiedlichen Prozessstufen bei Entwicklung, Anlauf, Bestellabwicklung, Performanceevaluierung oder in der Logistik stattfinden.

Technologie-Innovationen, Prozessneuerungen und Digitalisierung gehören nehmen im Lieferantenmanagement immer größeren Raum ein. Sie bieten die Chance, dass sich vom Kunden ausgelöste Aufträge selbstständig und automatisiert durch die gesamte Wertschöpfungskette, von der Bestellung des Rohmaterials, Auswahl des optimalen Lieferanten bis hin zur Auslieferung an den Kunden, steuern lassen. Ebenso lassen sich Abläufe und Performancekriterien transparent verfolgen. Die automatisierte Wertschöpfung ist ein zentraler Faktor für die Steuerung von globalen Lieferketten (Dust 2016).

Viele Vorgänge, die noch vor ein paar Jahren von Mitarbeitern durchgeführt wurden, laufen mittlerweile vollautomatisiert ab. Daraus zu schließen, dass künstlichen Intelligenz und smarte Roboter den Menschen im Einkauf komplett verdrängen, ist aber unbegründet. Gerade bei nicht-standardisierten Produkten mit hohem Investitionsvolumen sind Einkaufsmitarbeiter mit Erfahrung und einem Gespür für Kommunikation nach wie vor unersetzlich. Fakt ist allerdings auch, dass die strategische Dimension in Zukunft wichtiger sein wird als die operative. Damit nimmt der Einkauf innerhalb der Organisation eine neue Rolle ein: Durch umfangreiches Wissen über aktuelle Entwicklungen und vorausschauende Investitionen kann er zum Innovationstreiber des gesamten Unternehmens werden.

Künstliche Intelligenz (KI) kann das Spend-Management-System unterstützen und effizienter gestalten. Allerdings benötigen Unternehmen zunächst ein gutes Set-up für Kosten- und Vertragsanalysen, bevor sie KI auf diesem Niveau einsetzen. Diese Umstellung beinhaltet unter anderem auch die Implementierung von e-Sourcing und konfigurierte Procure-to-pay-Lösungen. Während der technische Einkauf in den Hintergrund rückt, fällt immer mehr Scheinwerferlicht auf den strategischen Einkauf. Denn dieser treibt die Digitalisierung des Unternehmens stark voran. Einerseits schrumpfen also die Kosten bei gleichem Arbeitsaufwand, andererseits hat der Procurement-Spezialist dadurch mehr Zeit für strategische und taktische Aufgaben.

Blockchain ist hingegen noch eher Neuland für die meisten Betriebe im Mittelstand. Diese Technologie schützt vor allem Transaktionen gegen Betrug im Invoice Management. Von Beginn bis zum Ende des Prozesses müssen die Rechnungen sowohl von Lieferanten als auch Abnehmern verifiziert werden. Cyberattacken und andere Betrugsversuche werden somit nutzlos, da Blockchain simpel ausgedrückt aus Information in dezentralisierten Blöcken besteht. Rechnungen sind nicht an einem einzigen Platz gespeichert, sondern ihre einzelnen Informationen breiten sich über ein ganzes Netzwerk aus. So schützt das System vor Spionage, Diebstahl oder auch technischen Ausfällen.

Der Einsatz von 3D-Druckern kann unter Umständen Lieferengpässe ausgleichen, da notwendige Teile in eigenen Druckerstationen gedruckt werden und damit Supply Chain-Funktionen ersetzen.

3.7 Nachhaltigkeit über die gesamte Wertschöpfungskette sicherstellen

Neben der Steuerung und der Stabilität von internationalen Lieferketten werden Nachhaltigkeitsgesichtspunkte immer wichtiger. Das Lieferkettengesetz verpflichtet deutsche Unternehmen dazu, Menschenrechte und Umweltstandards entlang der gesamten Lieferkette einzuhalten. So sollen Kinderarbeit, umweltschädliche Arbeits- und Produktionsbedingungen sowie das Zahlen von Hungerlöhnen verhindert werden. Das Gesetz, das inzwischen auch als Sorgfaltspflichtgesetz bezeichnet wird, soll Unternehmen in die Pflicht nehmen, ihre Wertschöpfungsketten genau zu dokumentieren. So sollen Zulieferer in die Verantwortung genommen werden, geforderte Standards einzuhalten. Kommen deutsche Unternehmen der Sorgfaltspflicht nicht nach, drohen Bußgelder oder der Ausschluss von öffentlichen Aufträgen. Für Unternehmen bedeutet das Gesetz eine erhöhte Dokumentationspflicht. Wer liefert Waren an wen? Welche Standards halten direkte Lieferanten im Hinblick auf geltende Menschenrechte oder Compliance-Standards ein?

Das Lieferantenmanagement muss die Nachhaltigkeit von Lieferketten sicherstellen.

Nachhaltigkeit und Corporate Social Responsibility (CSR) ist ein zentraler Punkt in jeder Unternehmensstrategie. Ein verantwortungsvolles Lieferantenmanagement berücksichtigt Nachhaltigkeit auch innerhalb globaler Lieferantennetzwerke. Ein strategisches Nachhaltigkeitsmanagement gibt den Überblick über die Nachhaltigkeit aller Rohstoffe, Vor- und Endprodukte. Qualitative und quantitative Daten über Lieferanten spielen dabei eine große Rolle.

Der CO_2-Fußabdruck (Carbon Impact) eines Unternehmens und seiner Produkte ist eine von vielen wichtigen Messgrößen für nachhaltiges Wirtschaften. Wenn ein Unternehmen diesen Indikator beeinflussen möchte, wird die Beschaffung zum Knackpunkt: Typischerweise hat eine Firma aus der herstellenden Industrie maximal 20 Prozent des CO_2-Fußabdrucks unter eigener Verantwortung, 80 Prozent dagegen werden in der Lieferkette erzeugt. Dadurch entstehen neue Herausforderungen, denn verantwortungsvolle Beschaffung - etwa mit Nachverfolgbarkeit von Rohstoffen - wird neben Umweltschutz und Nachhaltigkeit zu einem immer wichtigeren Thema. Gründe sind hier neben zahlreichen europäischen und internationalen Richtlinien auch die Wünsche der Kunden, die verstärkt auf Produkte mit Bio- oder Fairtrade-Siegeln achten.

Nachhaltige Beschaffung und ein kleiner CO_2-Fußabdruck sind ein Marketinginstrument und helfen dabei, Marktanteile zu vergrößern und neue Kunden zu werben. Nachhaltigkeit darf allerdings keine bloße Behauptung sein, sondern muss beweisbar herausgestellt werden können.

Im Zusammenhang mit globalen, dynamischen Lieferantennetzwerken empfehlen sich zwei wichtige Instrumente, die idealerweise gemeinsam eingesetzt werden und sich gegenseitig ergänzen: Nachhaltigkeitsaudits und -berichte, die beide strategisch genutzt und in einem übergreifenden Nachhaltigkeitsmanagement zusammengeführt werden.

3.8 Kompetenzanforderung in der Organisation sicherstellen

Das Lieferantenmanagement und seine Mitarbeiter müssen kompetent und qualifiziert sein. Dafür empfiehlt es sich in Abstimmung mit der Personalabteilung einen Entwicklungsplan und eine Kompetenzmatrix für Lieferantenmanager zu erstellen. Trainingsmaßnahmen sollten gezielt eingesetzt werden, um die Kompetenzen im Lieferantenmanagement stetig zu verbessern.

Die Lieferantenstrategie ist die erste Phase im Lieferantenmanagement und umfasst Lieferanten- und Materialgruppenstrategien.

Literatur

Bogaschewsky, R.: (2007) Materialgruppenschlüssel. In Garcia, Francisco; Die Automobilindustrie auf dem Weg zur globalen Netzwerkkompetenz. Springer Verlag, Berlin.

Büsch, M.: (2019) *Fahrplan zur Transformation des Einkaufs.* Springer, Wiesbaden.

Dathe, T.; Helmold M.: (2018) *Erfolg im Chinageschäft. Handlungsempfehlungen für kleine und mittlere Unternehmen (KMU).* Springer, Wiesbaden.

Dust, R.: (2019) *Total Supplier Management.* Hanser Verlag, München.

Helmold, M.: (2021) *Innovatives Lieferantenmanagement. Wertschöpfung in globalen Lieferketten.* Springer, Wiesbaden.

Helmold, M.; Einmahl, R.; Rassmann, K. et al.: (2020) *In IUBH Discussion paper. Lessons from the COVID-19 Situation: Rethinking Global Supply Chain Networks and Strengthening Supply Management in Public Procurement in Germany.* Abgerufen 31.10.2020. *https://www.iubh-university.de/wp-content/uploads/DP_Logistik_Helmold_4_2020fin.pdf.*

Helmold, M.; Terry, B.: (2016) *Lieferantenmanagement 2030. Wertschöpfung und Sicherung der Wettbewerbsfähigkeit in digitalen und globalen Märkten.* Springer, Wiesbaden.

Helmold, M.; Terry, B.: (2021) *Operations and Supply Management 4.0. Industry Insights, Case Studies and Best Practices.* Springer, Cham.

Heß, G.: (2010) Supply-Strategien in Einkauf und Beschaffung. 2. Auflage. Springer Gabler Verlag, Wiesbaden.

Immerthal, L.: (2017) Lieferantenmanagement im Wandel. Die Digitalisierung im Lieferantenmanagement beginnt mit guter Kommunikation, in: *Beschaffung aktuell.* Abgerufen 31.10.2020. *https://beschaffung-aktuell.industrie.de/einkauf/die-digitalisierung-im-lieferantenmanagement-beginnt-mit-guter-kommunikation/.*

Kleeman, F.; Glas, A.: (2020) *Einkauf 4.0. Digitale Transformation der Beschaffung.* Springer, Wiesbaden.

Kolev, G.; Obst, T.: (2020) *Die Abhängigkeit der deutschen Wirtschaft von internationalen Lieferketten.* Institut der deutschen Wirtschaft. IW-Report Nr. 16. 23. April 2020. Abgerufen 31.10.2020. *https://www.iwkoeln.de/studien/iw-reports/beitrag/galina-kolev-thomas-obst-die-abhaengigkeit-der-deutschen-wirtschaft-von-internationalen-lieferketten.html.*

Schupp, F.; Wöhner, H.: (2017) *Digitalisierung im Einkauf.* Springer, Wiesbaden.

Schwarz, E.: (2019) Porsche 911. Hand in Hand zum Erfolg. In: *Porsche Newsroom.* Abgerufen 14.10.2020. *https://newsroom.porsche.com/de/2019/unternehmen/porsche-beschaffungs-vorstand-uwe-karstensteadter-911-zulieferer-17084.html.*

4 Lieferantenauswahl

Die zweite Phase im Lieferantenmanagement ist die Lieferantenauswahl. Nur sorgfältig selektierte Lieferanten mit Prozess- und Produkt-Know-How werden zuverlässig und kontinuierlich ihre Lieferverpflichtungen erfüllen und für Stabilität in der Lieferkette sorgen. Lieferantenauswahl bedeutet, dass ein Unternehmen aus der meist großen Anzahl möglicher Lieferanten bestimmte Lieferanten anhand festgelegter Kriterien auswählt und freigibt (Büsch 2019). Die Lieferantenauswahl ist Teil des Lieferantenmanagements (Bild 4.1) und beinhaltet alle notwendigen Aktivitäten zur Auswahl der richtigen Lieferanten. Diese umfasst alle Maßnahmen, die Firmen ergreifen, bevor ein Bedarf entsteht und die Kontaktaufnahme zu einem Lieferanten erfolgt. Eines der Hauptziele der Lieferantenauswahl ist die Risikominimierung. Denn entscheidet sich ein Unternehmen für einen ungeeigneten Lieferanten, setzt es sich einem oder mehreren der folgenden Risiken aus:

- Nichterfüllung der vereinbarten Spezifikationsmerkmale
- Nichterfüllung von Lieferterminen und Losgrößen
- Nichterfüllung des Vertrags, weil ein Lieferant in finanziellen Schwierigkeiten steckt
- Schlechterfüllung des Vertrags hinsichtlich der Qualität
- Nachträglich geforderte Preiserhöhungen für Produkte und Dienstleistungen

Um diese Risiken einzudämmen, ist eine sorgfältige Lieferantenauswahl nötig. Im Rahmen der Lieferantenbewertung werden nach einem festgelegten System bestimmte Kriterien zur Beurteilung der Leistungsfähigkeit herangezogen. Im Hinblick auf den Trend, dass die Lieferantenintegration in Unternehmensprozesse einen immer wichtigeren Stellenwert einnimmt, steigen die Anforderungen an die Lieferanten. Ein ideales Lieferantenportfolio entsteht, wenn bei der Auswahl bestimmte Anforderungen berücksichtigt werden:

- Auswahl der Lieferanten auf Basis der Lieferantenstrategie
- Abteilungsübergreifende Lieferantenentscheidungen und Abstimmungsprozesse

- Selektion auf Basis von objektiven und einheitlichen Bewertungskriterien
  - Nutzung von qualitativen und quantitativen Kriterien
  - Transparenter, kosten- und zeiteffizienter Auswahlprozess
- Auswahl des innovativsten und besten Lieferanten anhand der Auswahlkriterien

Bevor ein neuer Lieferant intern freigegeben wird, werden vorab relevante Kriterien geprüft z. B. Preis, Qualität, Zuverlässigkeit, Flexibilität, Innovationsfähigkeit, Umweltverträglichkeit, Einhaltung der Menschenrechte. Mögliche Quellen dafür sind Lieferantenselbstauskunft, Probelieferungen, Unternehmens- bzw. Werksbesichtigungen beim Lieferanten, Lieferantenaudits.

Bei bereits bestehenden Lieferanten gehen die jeweils aktuellen Ergebnisse der Lieferantenbewertung mit ein (wenn oft unpünktlich oder mit Qualitätsmängeln geliefert wird, fällt der Lieferant ggf. aus der Lieferantenkartei heraus). Auch Qualitätsmanagementsysteme wie die DIN EN ISO 9001:2015 verweisen auf eine Auswahl der Lieferanten unter Berücksichtigung zentraler Elemente wie Auswahl und Bewertung von Lieferanten. Die Norm weist darauf hin, dass bereitgestellte Prozesse, Produkte und Dienstleistungen den Anforderungen entsprechen und die Unternehmen Kriterien für die Auswahl und Bewertung bestimmen und anwenden müssen.

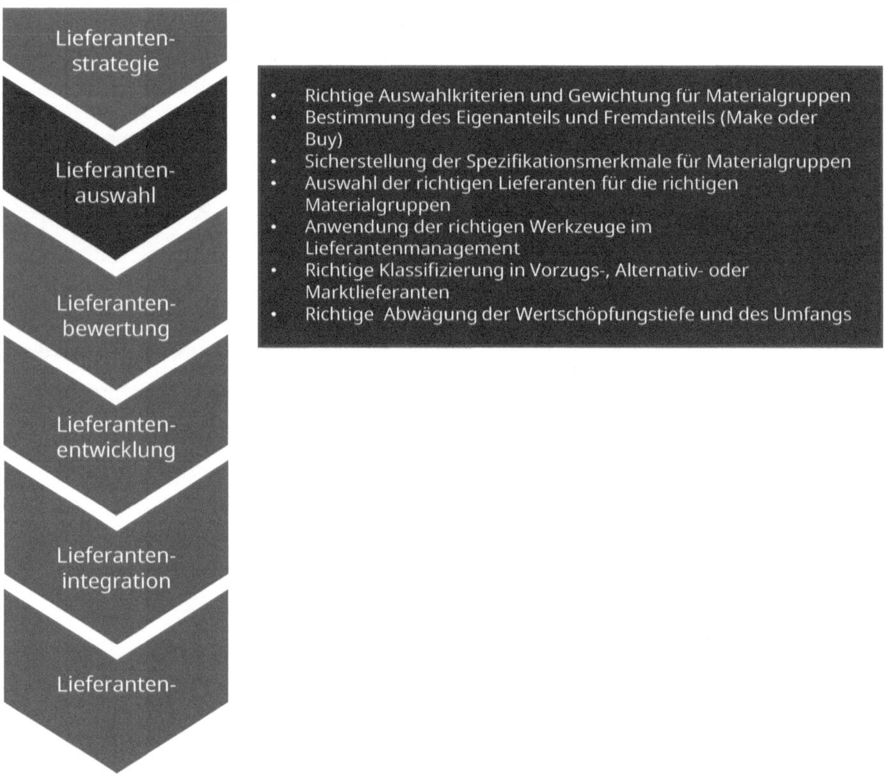

Bild 4.1 Lieferantenauswahl

4.1 Auswahl der Lieferanten auf Basis der Lieferantenstrategie

Bei der Auswahl der Lieferanten ist es wichtig, auf Basis der Lieferantenstrategie Lieferanten auszuwählen und nur die Lieferanten auszuwählen, die die Auswahlkriterien und Performancemerkmale für eine entsprechende Materialgruppe erfüllen. Die Auswahl der Lieferanten muss in der Verantwortung des Lieferantenmanagements liegen. Lieferantenstrategien konzentrieren sich auf die Optimierung der Lieferantenperformance. Sie sind meistens auf einen mittel- bis langfristigen Zeitraum von drei bis fünf Jahren in Anlehnung an Projektlaufzeiten angelegt. Häufige strategische Ziele sind:

- Erhöhung der Lieferantenqualität
- Minimierung des Lieferrisikos
- Schaffung von Synergien
- Verbesserung der Wettbewerbsfähigkeit
- Bildung von Partnerschaften und strategische Allianzen

4.2 Abteilungsübergreifende Lieferantenentscheidungen und Abstimmungsprozesse

Die Auswahl der Lieferanten muss abteilungsübergreifend durchgeführt werden. Normalerweise sind in Organisationen wie Porsche, Deutsche Bahn oder Tesla alle für den Wertschöpfungsprozess wichtigen Funktionen bei der Lieferantenentscheidung vertreten. Die wichtigsten Abteilungen sind der Einkauf, die Qualität, die Logistik und die Entwicklung. Dazu kommen Funktionsbereiche wie Nachhaltigkeit oder der After Service, die cross-funktional und funktionsübergreifend über die Lieferantenauswahl entscheiden. Unternehmen wie Porsche haben dafür einen Regelkreis entwickelt, der Lieferantenentscheidungsausschuss heißt. Der Einkauf bzw. das Lieferantenmanagement haben hier den Lead bei der Moderation.

4.3 Selektion auf Basis von objektiven und einheitlichen Bewertungskriterien

Die Auswahl von Lieferanten geschieht auf Basis quantitativer und qualitativer Fakten. Die Auswahl der Entscheidungskriterien muss auf Basis objektiver Bewertungskriterien basieren. Objektive Kriterien lassen sich in Qualitätsmerkmale, Kostenelemente, Lieferaspekte und andere Bereiche unterteilen (QKL plus Alpha). Als signifikante qualitative Determinante bei der Auswahl empfiehlt es sich, die Lieferantenbeziehung miteinzubeziehen.

4.3.1 Nutzung von qualitativen und quantitativen Kriterien

Nicht immer sind Angebote mehrerer Lieferanten aufgrund technischer Unterschiede oder anderer Kriterien vergleichbar. Ausschließlich anhand der Kriterien Preis und Qualität zu entscheiden, kann zu Problemen in der Zukunft führen. Man stelle sich einen Lieferanten vor, der in einer Ausschreibung den Zuschlag nur über den Preis erhält. Es stellt sich die Frage, ob dieser Preis auch langfristig vom Lieferanten einzuhalten ist und welcher Aufwand betrieben wurde, hohe Qualität, Spezifikationsmerkmale, Lieferzuverlässigkeit von Produkten zu erreichen (Arnolds et al. 2021). Sind die Prozesse und Fertigungsverfahren auch bei Serienfertigung in der geforderten Qualität? Kann der Lieferant die technische Spezifikation erfüllen?

Für die bestmögliche Entscheidung aus unterschiedlichen Lieferantenangeboten bedienen sich Unternehmen qualitativer und quantitativer Auswahlverfahren. Bei den qualitativen Verfahren ist der subjektive Eindruck entscheidend. Qualitative Methoden sind Fragebögen, Interviews, Portfoliomethoden, Lieferantentypologien, Scoring-Modelle, Benotungssysteme oder Nutzwertmethoden. Quantitative Verfahren zur Bewertung bei der Lieferantenauswahl bieten die Chance für objektivere Betrachtungsweisen (Heß 2010). Dazu kommen folgende Verfahren in Frage:

- Bilanz- und Finanzkennzahlenanalysen
- Preis-Entscheidungsanalysen (Preisstruktur, Preisbeobachtung, Preisvergleich)
- Gesamtkosten-Entscheidungsanalyse (Total Cost of Ownership)
- Optimierungsverfahren und Kennzahlenverfahren

Häufig sind gemischte Verfahren, bestehend aus quantitativen und qualitativen Teilen im Einsatz. Jeweilige Schwächen werden dadurch etwas behoben. In der Praxis wird jedoch in den meisten Verfahren ein Auswahlverfahren nach dem Punktebewertungsverfahren angewendet.

4.3.2 Lieferantenauswahlmatrix nach Punktebewertungsverfahren

Beim Punktbewertungsverfahren sind vorab die Gewichtungskriterien festzulegen wie beispielsweise Qualität, Preis, Lieferzuverlässigkeit oder Innovationskraft. In das Bewertungsschema werden dann die einzelnen Lieferanten eingetragen. Ein wichtiges Entscheidungskriterium erhält eine hohe Gewichtungsziffer. Für jeden Lieferanten und jedes Kriterium wird ein Punkt von eins bis fünf oder eins bis zehn vergeben. Der dem Lieferanten vergebene Punkt wird mit der Gewichtungsziffer multipliziert. Der am besten bewertete Lieferant hat die höchste Gesamtpunktzahl (Büsch 2019). Es kann in der Praxis allerdings vorkommen, dass der „Lieferant B“ bei wichtigen Kriterien eine geringe Punktezahl erhält und bei nicht so wichtigen Kriterien eine hohe Punktzahl. Ein anderer „Lieferant A“ hat hingegen bei den wichtigen Kriterien eine hohe Punktzahl und bei den weniger relevanten Kriterien eine niedrige Punktzahl. In diesem Fall sollte bei gleicher Punktzahl dem „Lieferanten B“ der Vorzug gegeben werden. Lieferantenauswahlverfahren werden meist digital über eine Software-Lösung durchgeführt (Immerthal 2017).

Bevor es zu einer Zusammenarbeit und vertraglichen Vereinbarung kommt, muss demnach eine Lieferantenauswahl auf Basis von standardisierten Auswahlkriterien in einer Lieferantenauswahlmatrix stattfinden. Wichtige Kriterien zur Auswahl der geeigneten Lieferanten sind in Bild 4.2 abgebildet. Als eines der zentralen Kriterien gilt die Qualität und technische Beschaffenheit der gelieferten Produkte und Dienstleistungen (Helmold & Terry 2021). Darüber hinaus gibt es weitere wichtige Elemente und Eigenschaften, die Berücksichtigung finden müssen. Ein exzellenter Lieferant zeichnet sich nicht nur durch hohe Qualität, niedrige Kosten und eine stabile Lieferperformance aus, sondern auch in anderer Hinsicht. Folgende Kriterien sollten daher bei der Lieferantenauswahl beachtet werden:

- Hohe Qualität der Waren und geringe Fehlerquote
- Ein Qualitätsmanagementsystem z. B. DIN EN ISO 9001:2015
- Ausgeprägtes Kulanzverhalten des Lieferanten, wenn es zu Beanstandungen kommt
- Ständige Lieferbereitschaft und hohe Liefertermintreue
- Strikte Einhaltung zugesagter Lieferzeiten oder Änderungen
- Gute Erreichbarkeit und feste Ansprechpartner beim Lieferanten
- Hohe Flexibilität (ermöglicht schnelle Reaktion z. B. auf Kundenwünsche)
- Preisgarantien (wie lange werden verhandelte Preise zugesagt)
- Wenige bzw. gut begründete oder nur moderate Preiserhöhungen in der Vergangenheit
- Finanzielle Stabilität und gute Bonitätsbewertungen

- Angebotstransparenz (keine versteckten Kosten, Gebühren oder Mindestmengen)
- Nachhaltigkeit und Innovationsfähigkeit

	Kriterien der Lieferantenauswahl	Gewichtung (Faktor)	Lieferant 1		Lieferant 2		Lieferant 3	
1.	Qualität	20% (0,20)	10	2	10	2	5	1
2.	Kosten	10% (0,10)	9	0,9	5	0,5	5	0,5
3.	Lieferleistung	10% (0,10)	10	1	5	0,5	5	0,5
4.	Technologieführerschaft	10% (0,10)	5	0,5	5	0,5	0	0
5.	Beziehungsmanagement	10% (0,05)	10	1	10	1	0	0
6.	Innovationsfähigkeit	10% (0,10)	10	1	5	0,5	10	1
7.	Finanzkraft	10% (0,10)	5	0,5	5	0,5	10	1
8.	Qualitätsmanagementsystem	10% (0,10)	10	1	5	0,5	10	1
9.	Nachhaltigkeitselemente	05% (0,05)	10	0,5	5	0,25	5	0,25
10.	Andere Kriterien	05% (0,05)	10	0,5	5	0,25	5	0,25
	Gesamtergebnis	**100% = 10**		(89%) 8,9		6,5		5,5
				1.		**2.**		**3.**

Bild 4.2 Lieferantenauswahlmatrix nach Punktbewertungsverfahren

Die Lieferantenauswahl geschieht meist durch gewichtete Bewertungskriterien und wird vom Lieferantenmanagement gesteuert.

Literatur

Arnolds, H.: (2021) *Materialwirtschaft und Einkauf. Grundlagen - Spezialthemen - Übungen*. Springer, Wiesbaden.

Büsch, M.: (2019) *Fahrplan zur Transformation des Einkaufs*. Springer, Wiesbaden.

Helmold, M.: (2021) *Innovatives Lieferantenmanagement. Wertschöpfung in globalen Lieferketten*. Springer, Wiesbaden.

Helmold, M.; Einmahl, R.; Rassmann, K. et al.: (2020) In IUBH Discussion paper. *Lessons from the COVID-19 Situation: Rethinking Global Supply Chain Networks and Strengthening Supply Management in Public Procurement in Germany*. Abgerufen 31.10.2020. *https://www.iubh-university.de/wp-content/uploads/DP_Logistik_Helmold_4_2020fin.pdf*.

Helmold, M.; Terry, B.: (2016) *Lieferantenmanagement 2030. Wertschöpfung und Sicherung der Wettbewerbsfähigkeit in digitalen und globalen Märkten*. Springer, Wiesbaden.

Helmold, M.; Terry, B.: (2021) *Operations and Supply Management 4.0. Industry Insights, Case Studies and Best Practices*. Springer, Cham.

Heß, G.: (2010) Supply-Strategien in Einkauf und Beschaffung. +2. Auflage. Springer Gabler Verlag, Wiesbaden.

Immerthal, L.: (2017) Lieferantenmanagement im Wandel. Die Digitalisierung im Lieferantenmanagement beginnt mit guter Kommunikation, in: *Beschaffung aktuell*. Abgerufen 31.10.2020. *https://beschaffung-aktuell.industrie.de/einkauf/die-digitalisierung-im-lieferantenmanagement-beginnt-mit-guter-kommunikation/*.

Kleeman, F.; Glas, A.: (2020) *Einkauf 4.0. Digitale Transformation der Beschaffung*. Springer, Wiesbaden.

Schupp, F.; Wöhner, H.: (2017) *Digitalisierung im Einkauf*. Springer, Wiesbaden.

5 Lieferanten auf Resilienz hin bewerten

Auf die Phasen Lieferantenstrategie und Lieferantenauswahl folgt die Lieferantenbewertung (Büsch 2019). Die Lieferantenbewertung (Bild 5.1) zeigt, wie gut in den vorgelagerten Phasen gearbeitet wurde, um eine resiliente Lieferkette zu sichern. Sie ist eine im Lieferantenmanagement mit dem Rating vergleichbare systematische Beurteilung, welche die Leistung von Lieferanten oder Dienstleistern anhand vorher definierter Merkmale bewerten soll. Die Lieferantenbewertung verfolgt das Ziel, Lieferanten objektiv vergleichbar zu machen und die Lieferantenauswahl damit zu optimieren. Daneben dient die fortlaufende Bewertung auch der Überwachung der Lieferantenperformance (Helmold & Terry 2021).

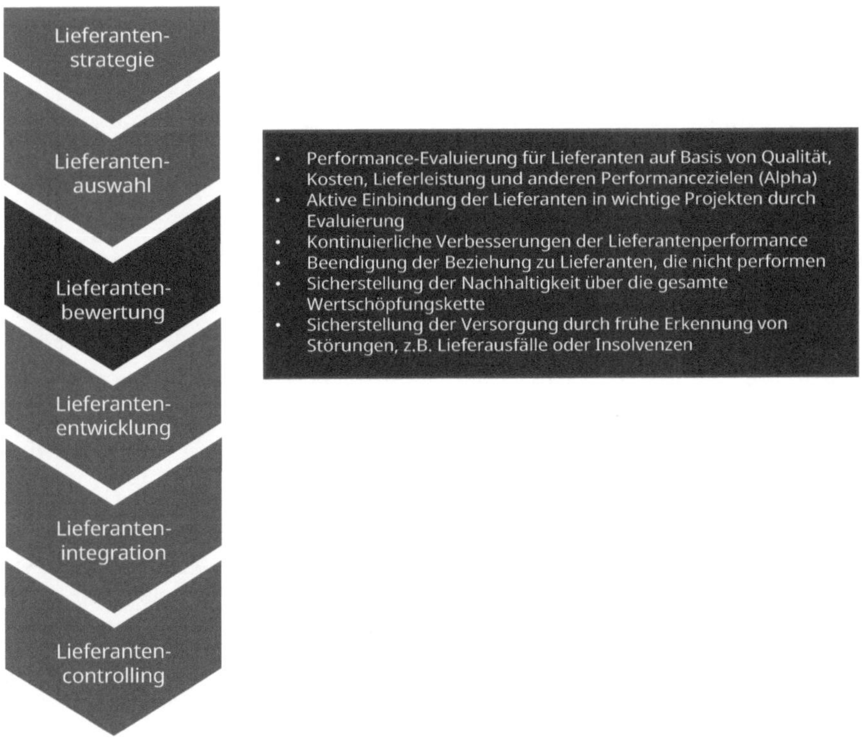

Bild 5.1 Lieferantenbewertung

5.1 Verfahren der Lieferantenbewertung

Die Bewertung sollte regelmäßig erfolgen und in bestimmter Berichtsform aggregiert werden. Die Berichte dienen sowohl dem operativen wie auch dem strategischen Management des beschaffenden Unternehmens. Ferner können Berichte erstellt werden, die dem Lieferanten Transparenz über seine erbrachte Leistung verschaffen und es ih durch multivariate Performancekriterien ermöglichen, Handlungsmaßnahmen und Verbesserungen ableiten zu können (Janker 2004). Dabei können sowohl quantitative, als auch qualitative Verfahren eingesetzt werden.

Quantitative Verfahren der Lieferantenbewertung

- Bilanzanalyse
- Preis-Entscheidungsanalyse
- Kosten-Entscheidungsanalyse
- Optimierungsverfahren
- Kennzahlenverfahren

Qualitative Verfahren der Lieferantenbewertung

- Checklistenverfahren
- Lieferantentypologien
- Portfolio-Methode
- Notensysteme
- Punktbewertungsverfahren
- Matrix-Approach
- Nutzwertanalyse
- Geldwertmethode

Die ausgewählten Merkmale beziehen sich dabei auf die Ziele des Abnehmers, den Performance-Kennzahlen (engl.: Key Performance Indicators – KPI). So werden in der Praxis häufig Kriterien aus interdisziplinären Bereichen wie Entwicklung, Qualität, Logistik und Einkauf herangezogen (Helmold & Terry 2016). Häufig zu finden sind dabei die Bereiche Technologie, Logistik und Qualität, sowie der Einkauf. Das Innovationspotenzial des Lieferanten wird ebenso teilweise mit einbezogen. Die Kriterien können quantitativ oder qualitativ sein. Die Bezugsebene der Lieferantenbewertung sind in der Praxis häufig die einzelnen Materialgruppen. Gängige Kriterien der Lieferantenbewertung sind z. B. die ppm-Rate der gelieferten Teile, der Preis, die Zahlungsbedingungen, die Mengen- und Termintreue sowie die Innovationsfähigkeit des Lieferanten. Die erstgenannten Kriterien sind dabei objektiver Natur und relativ leicht messbar, die Innovationsfähigkeit hingegen ist eine subjektive Größe und somit schwieriger messbar. Weitere in der betriebswirtschaftlichen Literatur genannte subjektive Faktoren sind z. B. Kooperationsverhalten, Flexibilität, Zuverlässigkeit und Kommunikation (Irlinger 2012). Diese sind dann zumeist in allen Unternehmensbereichen messbar. Die Ermittlung der Kennzahlen läuft dabei systemtechnisch ab. Am Markt existieren hierfür unterschiedliche Lösungen von verschiedenen Anbietern.

Bild 5.2 zeigt die unternehmensinternen und -externen Kriterien der Lieferantenbewertung. Die definierten Kriterien dienen dem Ziel, Störungen und Ausfälle zu vermeiden (Helmold & Terry 2021). In dem Beispiel werden Kriterien nach der Q-K-L plus Alpha-Methode definiert. Ein zentraler Punkt ist das Ausfallrisiko durch potenzielle Insolvenzen durch Lieferanten. Das Lieferantenmanagement ist der Prozessverantwortliche für die strukturierte und kontinuierliche Bewertung aller Lieferanten. Tabelle 5.1 stellt mögliche Performancekriterien in der Lieferantenbewertung dar.

Bild 5.2 Kriterien der Lieferantenbewertung

Tabelle 5.1 Performancekriterien in der Lieferantenbewertung

Qualität	Kosten	Lieferung	Alpha	Insolvenzrisiko
Defekte	Einstandspreis	Pünktlichkeit	Nachhaltigkeit	Bilanzdaten
Feldausfälle	Preisentwicklung	Losgröße	Innovationen	Erträge/Verluste
Fehleranalyse	Ideen für Kostenreduktionen	Zuverlässigkeit	Personal-Qualifizierung	Liquidität
Reaktion auf Ausfälle	Produkt-verbesserungen	Flexibilität bei Mengenänderungen	Diversität	Auftragseingang der Lieferanten
Qualitäts-Management	Einmalkosten	Logistiksystem	Lieferketten-Analyse	Investitionen

5.2 Tools zum Erkennen von finanziellen Schwierigkeiten

Ein Unternehmen muss Insolvenz anmelden, wenn es überschuldet oder nicht mehr in der Lage ist die fälligen Zahlungsansprüche der Gläubiger zurückzuzahlen. Dieser Zustand nennt sich Zahlungsunfähigkeit oder auch Illiquidität. Ist ein Lieferant in Zahlungsschwierigkeiten, kann sich das im erheblichen Umfang auf das eigene Geschäft auswirken beispielsweise könnte der Lieferant seinen Lieferverpflichtungen nicht mehr nachkommen oder bereits geleistete Anzahlungen könnten zur Konkursmasse gerechnet werden. Es ist also wichtig, frühzeitig in die Schieflage geratende Lieferanten zu erkennen.

5.2.1 Creditreform

Die Creditreform ist eine große Auskunftei, die Daten zur Kreditwürdigkeit sammelt und zwar von Unternehmen aller Rechtsformen sowie von Privatpersonen. Insgesamt zählt die Auskunftsdatei mehr als 158 000 Mitglieder. Die grundsätzliche Struktur von Creditreform hat sich seit 1879 kaum geändert. Ein Unternehmen ist nicht Kunde bei Creditreform, sondern Mitglied bei einem der lokalen Vereine Creditreform. Die Geschäfte dieser eingetragenen Vereine werden von Betriebskommanditgesellschaften geführt. Alle Vereine Creditreform sind unter dem Dach des Verbandes der Vereine Creditreform e. V. mit Sitz in Neuss zusammengeschlossen. 2018 existierten in Deutschland 129 regionale Vereine Creditreform, die 127 000 Mitgliedsunternehmen als Mitglieder führen. Heute ist Creditreform eine der größten Wirtschaftsauskunfteien mit 167 Geschäftsstellen und 158 000 Mitgliedern in Europa (Creditreform 2020).

5.2.2 Creditsafe

Die Wirtschaftsauskunftei Creditsafe ermöglicht es Ihnen in wenigen Minuten zu prüfen, ob Ihre Geschäftspartner ihre Kreditzusagen einhalten können. Sie erhalten auf einen Blick Informationen über die Kreditwürdigkeit des Geschäftspartners und können damit Risiken frühzeitig identifizieren. So ist bei niedriger Bonität, und damit risikobehafteten Geschäften, zu empfehlen, die Zahlungsweise von Kunden auf Vorkasse zu reduzieren oder Lieferanten mit hohem Ausfallrisiko zu ersetzen. Das zugrundeliegende Scoring-System betrachtet die Firmenkennzahlen, welche nachweislich Indikatoren für die finanzielle Stabilität von Unternehmen sind. Durch die Verwendung von statistischen Methoden, ist das Scoring-Modell in der Lage, 70 % aller Insolvenzen bereits zwölf Monate vor dem Eintritt der Zahlungsunfähigkeit vorherzusagen.

5.2.3 VDA-Rating

Der Verband der deutschen Automobilindustrie (VDA) hat 2004 zusammen mit der Prof. Dr. Schneck Rating GmbH einen Ratingstandard entwickelt, der nicht nur den Namen Standard trägt, sondern in der Bewertung von Lieferanten inzwischen allgemein akzeptiert wird. Bei diesem Standard handelt es sich um eine Ratingsoftware, die speziell für den VDA entwickelt wurde und sowohl ein reines Finanzrating auf Basis von Bilanzdaten als auch ein Vollrating mit qualitativen Kriterien zulässt. Im März 2006 wurde bereits die zweite Edition dieses Standardtools, in der technische Aktualisierungen der Ratingsoftware vorgenommen wurden, an alle Mitglieder des VDA ausgeliefert.

5.2.4 Dun & Bradstreet

Dun & Bradstreet (D & B) zielt auf die Identifizierung möglicher finanzieller Risiken von Lieferanten. Der D & B Supplier Risk Manager bietet die Informationen und Tools, die Sie zur Überwachung der Lieferantenbeziehungen und zur Vermeidung kostspieliger Störungen benötigen. Basierend auf Daten und Analysen von Dun & Bradstreet ist dies die einzige SaaS-Lösung, die kritische Risikoindikatoren für mehr als 365 Millionen globale Unternehmen bietet.

5.2.5 RapidRatings – finanzielles Risikomanagement

RapidRatings International Inc. ist ein Unternehmen, das Informationen über die finanzielle Gesundheit öffentlicher und privater Unternehmen auf der ganzen Welt bereitstellt. Das Analysesystem des Unternehmens bietet angeblich Einblicke in Partner, Lieferanten und Kunden von Drittanbietern. Die Plattform des Unternehmens bietet Financial Health Ratings und detaillierte Berichte, um Unternehmen bei der Minderung finanzieller Risiken zu unterstützen. Darüber hinaus bietet RapidRatings einen Service zum Abrufen von Jahresabschlüssen von Lieferanten und Unternehmen an, um die Transparenz zu erhöhen und die Sichtbarkeit zu verbessern (RapidRatings 2020).

Die Lieferantenbewertung beinhaltet unternehmensinterne und -externe Performance-Kennzahlen von Qualität, Kosten, Lieferleistung, Finanzen oder Nachhaltigkeit.

Literatur

Arnolds, H.: (2021) *Materialwirtschaft und Einkauf. Grundlagen - Spezialthemen - Übungen.* Springer, Wiesbaden.

Büsch, M.: (2019) *Fahrplan zur Transformation des Einkaufs.* Springer, Wiesbaden.

Fockenbrock, D.: (2016) Millionenstrafe für Bombardier Die Bahn kassiert bei Lokherstellern ab. Die Deutsche Bahn nimmt ihre Lokhersteller unbarmherzig in Regress. Jetzt muss Bombardier für verspätete Lieferungen der Doppelstock-Intercitys eine zweistellige Millionensumme zahlen. Es ist nicht das erste Mal, in: *Handelsblatt.* Abgerufen am 27.5.2018. *http://www.handelsblatt.com/unternehmen/industrie/millionenstrafe-fuer-bombardier-die-bahn-kassiert-bei-lokherstellern-ab/14607102.html?ticket=ST-753849-QrNHGpiXivcbZDAJFWyX-ap2.*

Gabler-Wirtschaftslexikon: (2018) *Unternehmenskrise.* Abgerufen am 26.5.2018. *https://wirtschaftslexikon.gabler.de/definition/unternehmungskrise-49331.*

Handelsblatt: (2017), in: *Handelsblatt.* 13.01.2017. Finanzielle Zukunft: Gläubiger verschaffen Jack Wolfskin Luft für Verhandlungen. Die Verhandlungen über die Zukunft Jack Wolfskin haben begonnen. Um die zu vereinfachen, verzichten die Banken vorerst auf die Rückzahlung von Krediten. Finanzinvestor Blackstone bangt um die Kontrolle des Unternehmens. Abgerufen am 26.5.2018. *http://www.handelsblatt.com/unternehmen/handel-konsumgueter/finanzielle-zukunft-glaeubiger-verschaffen-jack-wolfskin-luft-fuer-Lieferantenmanagement/19247752.html?ticket=ST-874329-5m5EZ42jWMfXaeA6SVbH-ap2Helmold.*

Helmold, M.: (2021) *Innovatives Lieferantenmanagement. Wertschöpfung in globalen Lieferketten.* Springer, Wiesbaden.

Helmold, M.; Terry, B.: (2016) *Lieferantenmanagement 2030. Wertschöpfung und Sicherung der Wettbewerbsfähigkeit in digitalen und globalen Märkten.* Springer, Wiesbaden.

Helmold, M.; Terry, B.: (2021) *Operations and Supply Management 4.0. Industry Insights, Case Studies and Best Practices.* Springer, Cham.

Heß, G.: (2010) Supply-Strategien in Einkauf und Beschaffung. 2. Auflage. Springer Gabler Verlag, Wiesbaden.

Immerthal, L.: (2017) *Lieferantenmanagement im Wandel. Die Digitalisierung im Lieferantenmanagement beginnt mit guter Kommunikation.* In Beschaffung aktuell. Abgerufen 31.10.2020. *https://beschaffung-aktuell.industrie.de/einkauf/die-digitalisierung-im-lieferantenmanagement-beginnt-mit-guter-kommunikation/.*

Irlinger, W.: (2012) *Kausalmodelle zur Lieferantenbewertung.* Springer, Gabler, Wiesbaden.

Janker, C.G.: (2008) *Multivariate Lieferantenbewertung.* 2. Auflage. Springer Gabler Edition Wissenschaft, Wiesbaden.

Kleeman, F.; Glas, A.: (2020) *Einkauf 4.0. Digitale Transformation der Beschaffung.* Springer, Wiesbaden.

RapidRatings: (2020). *www.rapidratings.com*

Schupp, F.; Wöhner, H.: (2017) *Digitalisierung im Einkauf.* Springer, Wiesbaden.

6 Lieferanten zu resilienten Wertschöpfungspartnern entwickeln

Die Lieferantentwicklung ist die vierte Phase im Lieferantenmanagement, wie Bild 6.1 zeigt. Der Begriff Lieferantenentwicklung bezeichnet die Aktivitäten und Verbesserungen enger, partnerschaftlicher und langfristiger Beziehungen zwischen Kunden und Lieferantennetzwerken innerhalb der Wertschöpfungskette (Helmold und Terry 2016). Hofbauer et al. (2016) beschreiben die Lieferantenentwicklung als einen stetigen Prozess zur Verbesserung gegenwärtiger oder neuer Lieferanten. Grundlage der Entwicklung sind die Ergebnisse der Lieferantenbewertung und Kennzahlen. Die Lieferantenentwicklung ist eine geeignete Stellschraube, um Resilienz bei Lieferanten und in Lieferketten zu erhöhen.

Die Lieferantenentwicklung lässt sich als Unterstützungsprozess im Lieferantenmanagement durch direkte oder indirekte Maßnahmen bei Lieferanten definieren. Auch hier ist das vordergründige Ziel die Verbesserung der Lieferantenperformance (Helmold & Terry 2021).

In der Praxis werden vor dem Beginn eines Lieferantenentwicklungsprogramms Vorgespräche durch das Lieferantenmanagement mit internen und externen Stakeholdern geführt, um sich auf die Entwicklung und die wirklichen Ursachen der Performance-Schlechtleistung zu fokussieren.

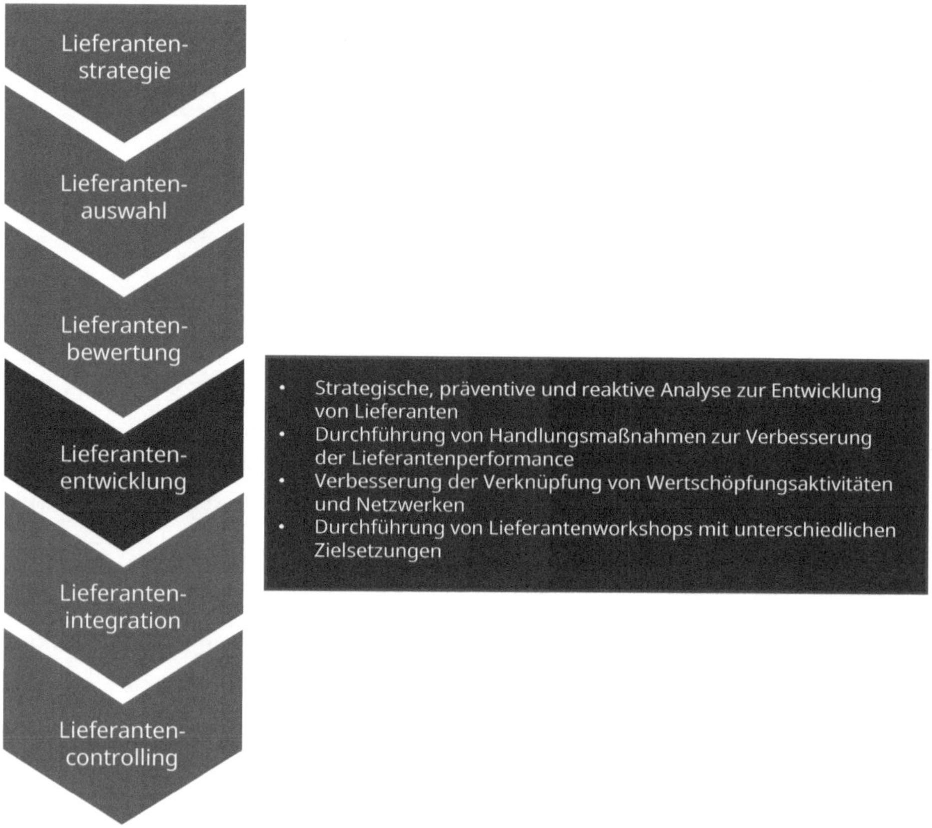

Bild 6.1 Lieferantenentwicklung

> **!** Im Downloadbereich finden Sie einen Leitfaden zur Vorbereitung Ihrer Vorgespräche mit Stakeholdern.

Bild 6.2 zeigt drei Kategorien, strategische, präventive und reaktive Analyse der Lieferantentwicklung in Verbindung mit dem Lebenszyklus eines Produkts. Produktphasen lassen sich in Entwicklungs-, Anlauf-, Serien-, Auslauf- und After-Service-Phase einteilen.

Die strategische Lieferantenentwicklung findet bereits in der Entwicklungsphase statt. Meist werden Maßnahmen mit in die Anlaufphase eines Produkts übertragen. Der strategische Ansatz der Lieferantenentwicklung hat die langfristige, bewusste und kontinuierliche (Weiter-)Entwicklung der Leistungsfähigkeit (Potenziale) des Lieferanten zum Ziel. Strategische Lieferantenentwicklung wird proaktiv zum langfristigen Erhalt der Wettbewerbsvorteile initiiert. Ein wesentlicher Unterschied zur reaktiven Lieferantenentwicklung liegt in der bewussten Suche und

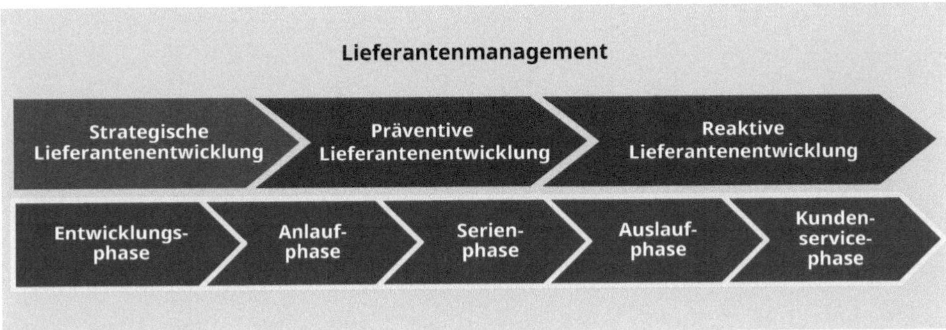

Bild 6.2 Phasen der Lieferantenentwicklung

Auswahl von Feldern für Entwicklungsmaßnahmen. Die strategische Lieferantenentwicklung erfolgt grundsätzlich durch eine direkte Partizipation des Abnehmers, der in Lieferantenentwicklungsmaßnahmen und somit auch in den Lieferanten selbst investiert. Wesentliches Merkmal zur Anwendung der direkten Lieferantenentwicklung ist eine strategische Partnerschaft mit dem Lieferanten, da eine Amortisation der Entwicklungstätigkeit über den Beziehungslebenszyklus erforderlich wird. Entwicklungsfähigkeit eines Lieferanten im strategischen Sinn bedeutet den Aufbau eines Handlungsspielraums durch Handlungsoptionen für den Abnehmer.

Präventive Lieferantenentwicklung zielt auf die frühzeitige und vorausschauende Verbesserung der Lieferanten auf Basis von Leistungsmerkmalen (Performancemerkmalen) durch das Lieferantenmanagement. Präventivmaßnahmen sollen Schlechtleistungen in den Bereichen Qualität, Kosten oder Lieferleistung vorbeugen und haben meist einen längeren Zeithorizont. Die Notwendigkeit ist noch nicht akut, jedoch zeigen Sensoriken und Frühalarmsysteme (Audits, Lieferantenbewertung, Vorfälle) Abweichungen in der Performance der Lieferanten. Präventivmaßnahmen werden im besten Fall im Anlauf eines Produkts vor der Serienproduktion definiert.

Reaktive Lieferantenentwicklung beinhaltet Maßnahmen des Kunden als reaktive Verbesserung bei kurzfristigen Leistungsverschlechterungen eines Lieferanten in der Serie, im Auslauf oder dem After-Service. Sie wird in der Regel veranlasst durch ein aktuelles, konkretes Problem im Leistungsaustausch mit dem Lieferanten (Schlechtleistung). Die Entwicklungsmaßnahme hat einen kurzfristigen Zeithorizont. Die Notwendigkeit ergibt sich aus Problemen des Lieferanten, zum Beispiel pünktlich zu liefern (Versorgungssicherheit im operativen Betrieb), sowie bei Qualitätsmängeln des Produkts oder der Dienstleistung selbst. Bei der reaktiven Lieferantenentwicklung rücken Lieferanten erst bei Auftreten von akuten Problemen ins Bewusstsein des Abnehmers, so dass es sich um sehr kurzfristige Gegenmaßnahmen (engl.: Troubleshooting) handelt (Büsch 2019). Häufig werden Lieferanten zur Einhaltung von Zielvereinbarungen (anhand von Kennzahlen) angehalten, deren Defizite sich aus der Lieferantenbewertung in den Kategorien Qualität, Kosten oder Lieferleistung ergeben haben.

Das Lieferantenmanagement steuert strategische, präventive und reaktive Lieferantenentwicklungsmaßnahmen.

Literatur

Büsch, M.: (2019) *Fahrplan zur Transformation des Einkaufs.* Springer, Wiesbaden.

Dathe, T.; Helmold, M.: (2018) *Erfolg im Chinageschäft. Handlungsempfehlungen für kleine und mittlere Unternehmen (KMU).* Springer, Wiesbaden.

Dust, R.: (2019) *Total Supplier Management.* Hanser Verlag, München.

Helmold, M.; Einmahl, R.; Rassmann, K. et al.: (2020) *In: IUBH Discussion paper. Lessons from the COVID-19 Situation: Rethinking Global Supply Chain Networks and Strengthening Supply Management in Public Procurement in Germany.* Abgerufen 31.10.2020. *https://www.iubh-university.de/wp-content/uploads/DP_Logistik_Helmold_4_2020fin.pdf.*

Helmold, M.; Terry, B.: (2016) *Lieferantenmanagement 2030. Wertschöpfung und Sicherung der Wettbewerbsfähigkeit in digitalen und globalen Märkten.* Springer, Wiesbaden.

Immerthal, L.: (2017) Lieferantenmanagement im Wandel. Die Digitalisierung im Lieferantenmanagement beginnt mit guter Kommunikation, in: *Beschaffung aktuell.* Abgerufen 31.10.2020. *https://beschaffung-aktuell.industrie.de/einkauf/die-digitalisierung-im-lieferantenmanagement-beginnt-mit-guter-kommunikation/.*

Kleeman, F.; Glas, A.: (2020) *Einkauf 4.0. Digitale Transformation der Beschaffung.* Springer, Wiesbaden.

Kolev, G.; Obst, T.: (2020) *Die Abhängigkeit der deutschen Wirtschaft von internationalen Lieferketten. Institut der deutschen Wirtschaft.* IW-Report Nr. 16. 23. April 2020. Abgerufen 31.10.2020. *https://www.iwkoeln.de/studien/iw-reports/beitrag/galina-kolev-thomas-obst-die-abhaengigkeit-der-deutschen-wirtschaft-von-internationalen-lieferketten.html.*

Schupp, F.; Wöhner, H.: (2017) *Digitalisierung im Einkauf.* Springer, Wiesbaden.

Schwarz, E.: (2019) Porsche 911. Hand in Hand zum Erfolg. In: *Porsche Newsroom.* Abgerufen 14.10.2020. *https://newsroom.porsche.com/de/2019/unternehmen/porsche-beschaffungs-vorstand-uwe-karsten-staedter-911-zulieferer-17084.html.*

7 Lieferanten stabil und robust integrieren

Unter der Lieferantenintegration versteht man die Einbindung des Lieferanten in die Unternehmensstrukturen und -abläufe des Unternehmens, damit Prozesse und Systeme synchronisiert werden, um effektiver und erfolgreicher zusammenarbeiten zu können, wie Bild 7.1 zeigt. Die Einbindung führt zu robust und stabil funktionierenden Lieferketten.

Es stehen folgende Aspekte im Zentrum:

- Einbindung und Integration von Lieferanten bei der Entwicklung von Neuprodukten und Dienstleistungen
- Integration von Lieferanten in das eigene Logistiksystem der Unternehmung
- Synchronisierung des Produktions- und Bestellmanagements zu Endkunden
- Durchführung von Innovationsworkshops mit unterschiedlichen Zielsetzungen

Bei der Lieferantenintegration arbeiten selbstständige Unternehmen zusammen an der Optimierung ihrer Prozesse und Strukturen, um diese zur Steigerung des Erfolgs möglichst gut aufeinander abzustimmen. Das kann mitunter im Detail ein hürdenreiches Unterfangen sein, nicht nur für die Einkaufsabteilung. Bei einer zielorientierten Umsetzung entsteht jedoch idealerweise eine Win-win-Situation für die beteiligten Marktpartner.

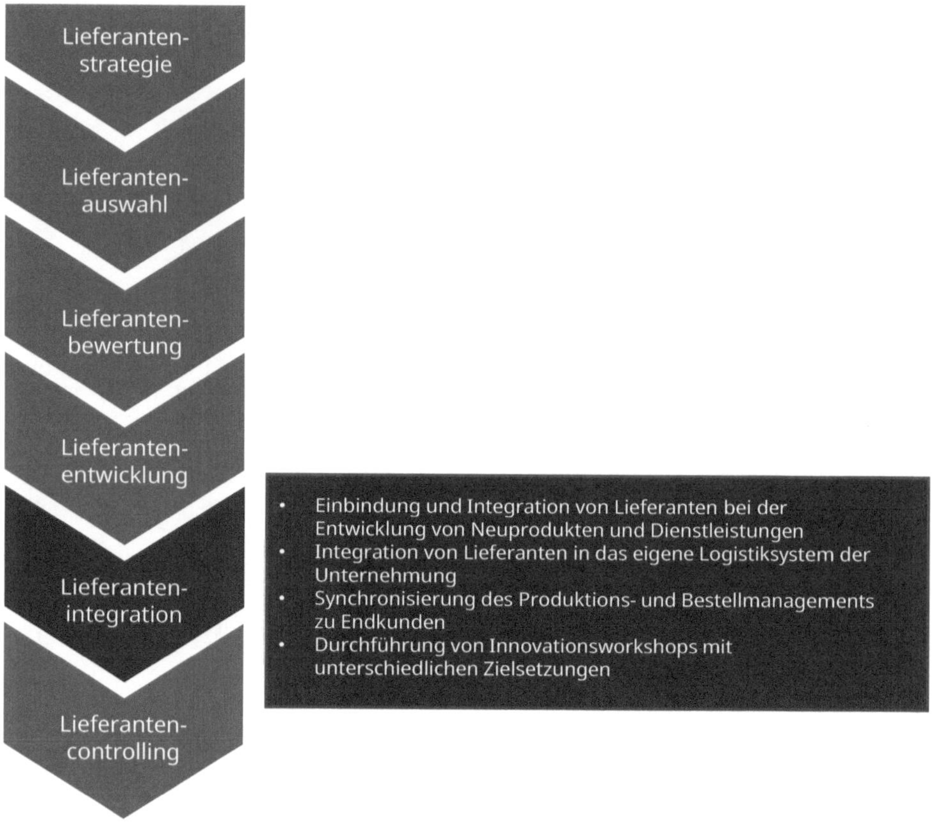

Bild 7.1 Lieferantenintegration

Lieferantenintegration beginnt dort, wo die eigenen Unternehmensgrenzen enden. Voraussetzung für eine funktionierende Einbindung externer Akteure in die eigenen Prozessketten ist deshalb eine Öffnung zu den ausgewählten Partnern hin. Ebenso muss die Bereitschaft zur Veränderung der internen Arbeitsabläufe, Denkweisen und auch der Kennzahlen- bzw. Bonussysteme bestehen. Je nach Branche bestehen zahlreiche Möglichkeiten zur engen, langfristigen Zusammenarbeit mit Zulieferern. Wichtige Prozesse, die bei einer Lieferantenintegration berücksichtigt werden müssen, umfassen die folgenden Bereiche:

- Forschung und Entwicklung: Noch weiter vorne im Wertschöpfungsprozess setzt eine Beteiligung der externen Partner bereits im Forschungs- und Entwicklungsbereich an. So können Zulieferer und Abnehmer in gemeinsamen Projektteams jeweils ihr spezifisches Know-how einbringen, Wissen bündeln und Synergieeffekte bei der Entwicklung neuer Produkte erzielen.
- Einkauf: Oftmals startet eine Lieferantenintegration aufgrund der naturgemäß bestehenden Kontakte im Einkaufsbereich, beispielsweise mit der Vereinba-

rung spezifischer Anlieferungsfenster oder Verpackungseinheiten bis hin zur vollverantwortlichen Lagerbewirtschaftung durch den Lieferanten. Das macht beispielsweise die vorausschauende Bereitstellung der mittel- bis langfristigen Produktions- und Absatzplanungen erforderlich.

- Produktion: Reicht eine Lieferantenintegration bis in die Produktionsprozesse des Unternehmens hinein, entstehen im direkten Umfeld des Abnehmers vielfach sogenannte Lieferantenparks, zum Beispiel zur Realisierung einer Just-in-Time-Fertigung.
- IT: Ein optimaler Informationsaustausch kann nur durch IT-Standards und die gemeinsame Nutzung entsprechender IT-Anwendungen gewährleistet werden.

7.1 Lieferantenintegration durch Coaching und Kollaboration

Lieferantencoaching ist die systematische, kollaborative Verbesserung der Lieferantenkompetenzen durch die vom Lieferantenmanagement zusammen mit dem Lieferanten durchgeführten Maßnahmen. Coaching-Maßnahmen können bei Lieferanten, Distributoren und Unterlieferanten, bei externen Anbietern, in einer (Lieferanten-) Akademie oder im Seminarraum durchgeführt werden. Coaching-Maßnahmen erfordern besondere Coaching-Kompetenzen der Mitarbeiter im Lieferantenmanagement, auf die später gezielt eingegangen wird. Coaching-Aktivitäten umfassen meist einen speziellen Themenbereich innerhalb der Lieferkette (Projektmanagement, Qualitätsmanagement, Methoden der schlanken Produktion etc.). Ganz gleich, ob projektbegleitend in der Planungsphase, serienbegleitend oder in der After-Service-Phase, Coaching-Maßnahmen führen zu schnellen Verbesserungen. Die Steigerung der Produkt- und Prozessqualität steht beim Coaching im Mittelpunkt des Lieferantenmanagements.

Viele Unternehmen haben eine eigene Lieferanten-Akademie (Porsche, ZF Friedrichshafen, Bosch) aufgebaut. Diese helfen dem eigenen Unternehmen, neue Lieferanten oder Risikolieferanten auf den geforderten Reifegrad hinsichtlich Standards oder Qualitätsanforderungen zu entwickeln bzw. zu coachen. Das Ziel ist dabei die nachhaltige Qualitätsverbesserung ihrer Lieferanten. Relevante Faktoren sind vor allem Qualität, Zeit und Kosten; praktische Belege z.B. die Reduzierung von Ausschuss und Nacharbeit. Experten und sogenannte Lieferanten-Coaches (engl.: Trainer, Coach) in allen Fragen einer umfassenden Qualitäts-, Projekt- und Serienbetreuung. Dabei werden u.a. Herstellprozesse von Zulieferteilen analysiert (inkl. Fertigungs- und Prüfkonzepten) sowie Lösungen und Umsetzungsmöglichkeiten zur Prozess- und Produktoptimierung erarbeitet. Außerdem unterstützen standardisierte Lieferantenmanagementprogramme und Konzepte auch die Gewährleistungs-Zielkostenprozesse. Alle Maßnahmen müssen auf dabei auf Nachhaltigkeit setzen. Coaching im Lieferantenmanagement erfordert Methoden- und Trainingskompetenz durch Analyse und Qualifizierung.

7.2 Lieferantenintegration durch internationale Einkaufbüros

Internationale Einkaufbüros oder globale Lieferantenmanagement-Zentren sind Teil der Internationalisierung und des Leitbildwandels im Lieferantenmanagement. Multinationale Konzerne wie Volkswagen, Daimler, Siemens, Bosch oder Bombardier haben Einkaufbüros in Regionen wie China, Indien oder Osteuropa, die Einsparungspotenziale bieten oder geografisch weit entfernt vom Mutterunternehmen sind. Im November 2015 hat die Deutsche Bahn ein internationales Einkaufsbüro in Shanghai eröffnet. Firmen wie Bombardier sind einkaufsseitig in China an mehr als sechs Standorten vertreten. Mittlerweile liegt der Wertschöpfungsanteil von chinesischen Produkten in Sektoren wie der Automobilwirtschaft oder Bahnindustrie bei mehr als 20 % bis 30 %. Im Sinne eines netzwerkorientierten Lieferantenmanagements wird in diesem Zusammenhang von Best Cost Country Sourcing (BCCS) gesprochen. Traditionelle Unternehmen verwenden Begriffe wie Global Sourcing (GS) oder Low Cost Country Sourcing (LCCS).

Internationale Einkauf- oder Lieferantenmanagement-Büros bringen Kosten mit sich. Für ein Einkaufsbüro in China kann man ca. 50 000 EUR bis 80 000 EUR p. a. rechnen, die eine Vollzeitstelle vollkostenseitig ausmacht (eine Vollzeitkraft inklusive Gehalt- und Gehaltsnebenleistungen, Büroplatz, Reisekosten, Training etc.). Die Kosten hierfür müssen durch Einsparungen amortisiert werden.

Von internationalen Faktorkosten profitieren nicht nur große Unternehmen. Nicht nur multinationale Konzerne, sondern auch Mittelständler haben die Möglichkeiten, sich auf der internationalen Bühne zu bewegen. Die Deutschen Zentren in China stellen u. a. Büroräume und Produktionskapazitäten in Schlüsselindustrien bzw. -prozessen zur Verfügung. Darüber hinaus lassen sich internationale Einkaufskooperationen aufbauen, in dem die Fixkosten für ein Einkaufbüro aufgeteilt werden. Internationale Büros im Lieferantenmanagement sind Exzellenzzentren und dürfen hier nicht mit den mehr und mehr entstehenden sogenannten „Shared-Service-Zentren" (SSC) verwechselt werden.

> Das Lieferantenmanagement steuert die Lieferantenintegration als fünfte Phase im Lieferantenmanagement.

Literatur

Arnolds, H.: (2021) *Materialwirtschaft und Einkauf. Grundlagen - Spezialthemen - Übungen*. Springer, Wiesbaden.

Büsch, M.: (2019) *Fahrplan zur Transformation des Einkaufs*. Springer, Wiesbaden.

Helmold, M.: (2021) *Innovatives Lieferantenmanagement. Wertschöpfung in globalen Lieferketten*. Springer, Wiesbaden.

Helmold, M.; Terry, B.: (2016) *Lieferantenmanagement 2030. Wertschöpfung und Sicherung der Wettbewerbsfähigkeit in digitalen und globalen Märkten*. Springer, Wiesbaden.

Helmold, M.; Terry, B.: (2021) *Operations and Supply Management 4.0. Industry Insights, Case Studies and Best Practices*. Springer, Cham.

Heß, G.: (2010) Supply-Strategien in Einkauf und Beschaffung. 2. Auflage. Springer Gabler Verlag, Wiesbaden.

Immerthal, L.: (2017) Lieferantenmanagement im Wandel. Die Digitalisierung im Lieferantenmanagement beginnt mit guter Kommunikation, in: *Beschaffung aktuell*. Abgerufen 31.10.2020. *https://beschaffung-aktuell.industrie.de/einkauf/die-digitalisierung-im-lieferantenmanagement-beginnt-mit-guter-kommunikation/.*

Irlinger, W.: (2012) *Kausalmodelle zur Lieferantenbewertung*. Springer, Gabler.

Janker, C.G.: (2008) *Multivariate Lieferantenbewertung*. 2. Auflage. Springer Gabler Edition Wissenschaft, Wiesbaden.

Kleeman, F.; Glas, A.: (2020) *Einkauf 4.0. Digitale Transformation der Beschaffung*. Springer, Wiesbaden.

Schupp, F.; Wöhner, H.: (2017) *Digitalisierung im Einkauf*. Springer, Wiesbaden.

8 Lieferantencontrolling

Die letzte Phase im Lieferantenmanagement ist das Lieferantencontrolling. Lieferanten müssen überprüft und gesteuert werden. Dem Lieferantencontrolling kommt dementsprechend eine zentrale Bedeutung zu und sichert Resilienz und Stabilität durch Soll-Ist-Vergleiche und Kennzahlen.

Seinen Ursprung besitzt der Controlling-Begriff in der Praxis. Er wurde von Deyhle in Analogie zum Begriff des Marketings gebildet und hat einen engen Bezug zu den Aufgaben von Controllern. Die wissenschaftliche Diskussion des Begriffs Controlling begann in breiterem Umfang in den 1970er- Jahren. Das zeitlich gesehen erste Grundverständnis des Controllings weist diesem die Aufgabe zu, betriebswirtschaftliche Informationen für Zwecke der Führung bereitzustellen. Controlling soll in diesem Sinne eine betriebswirtschaftliche Transparenzfunktion erfüllen. Dem Controlling geht es dann um die systematische Festlegung und Zuordnung („Herunterbrechen") der zu verfolgenden Ziele, die Messung ihrer Erreichung, die Feststellung von Soll-Ist-Abweichungen und die Erarbeitung von Maßnahmen zu deren Beseitigung. Mit anderen Worten zielt Controlling auf eine Führung des Unternehmens durch und mithilfe von Planung und daraus resultierenden Plänen ab. Letztere durchziehen das gesamte Unternehmen, von der strategischen bis zur operativen Planung. Controlling in diesem Sinne lässt sich auch als ein kybernetischer Prozess verstehen, der mit dem Regelkreis aus Planung und Kontrolle veranschaulicht wird.

Das Lieferanten-Controlling als letzte Phase im Lieferantenmanagement beurteilt die Lieferantenleistung, ist Basis objektiver Kennzahlen und bildet die Grundlage für die Lieferantensteuerung und das Lieferantenmanagement (Bild 8.1). Typische Kennzahlen sind die Mengen- und Termintreue bei der Warenlieferung sowie die Reklamationsquote. Welche Kennzahlen im Einzelfall zum Einsatz kommen, hängt vom gewählten Szenario der Lieferantensteuerung ab. Unterschiede bestehen zum Beispiel zwischen zentraler, konzernweiter Lieferantensteuerung einerseits und lokaler, werksbezogener Steuerung andererseits. Die Aussagefähigkeit der Kennzahlen hängt direkt von der Qualität derjenigen Daten ab, welche in die Kennzahlenberechnung einfließen. In Branchen mit geringen Fertigungstiefen ist Lieferanten-Controlling auf Basis von Kennzahlen entscheidend für den Erfolg der eigenen Produkte. Die Qualität des Lieferanten-Controllings ist nur so gut wie die Qualität der zugrunde liegenden Daten.

Das Lieferantencontrolling erfüllt folgende Aufgaben:

- Basis objektiver Kennzahlen und bildet die Grundlage für die Lieferantensteuerung und das Lieferantenmanagement
- Überwachung der Lieferantenperformance mit dem Ziel der stetigen Leistungsverbesserung
- Früherkennen von Veränderungen in der Leistungsfähigkeit von Lieferanten (Trendbeobachtung)
- Defizite beim Lieferanten transparent machen, um gezielt Maßnahmen einzuleiten (Lieferanten)

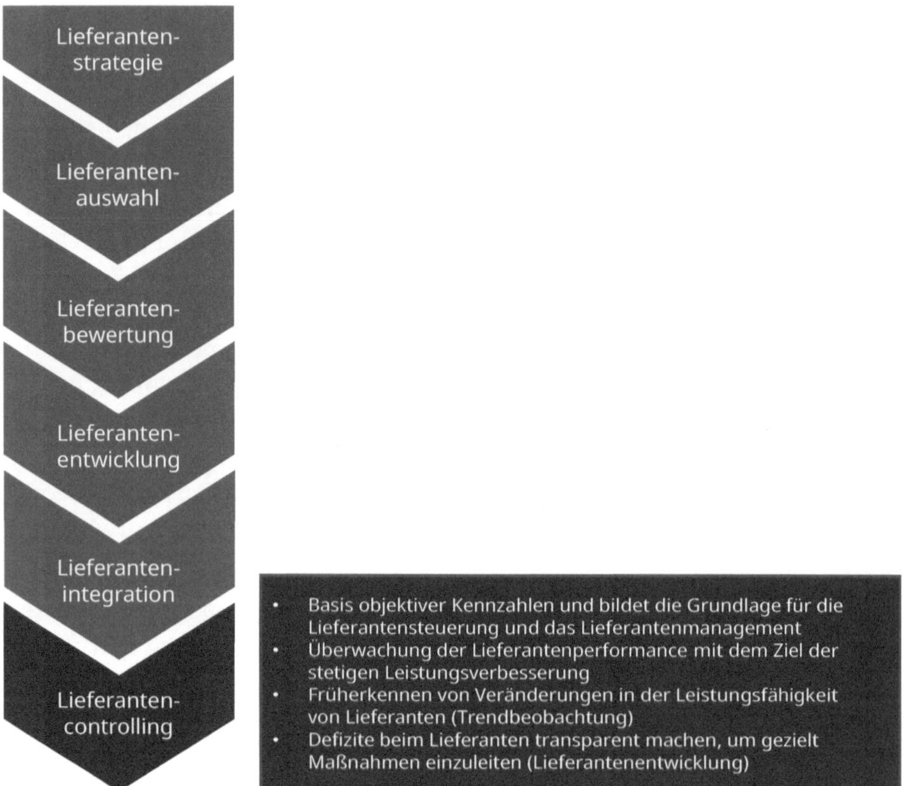

Bild 8.1 Lieferantencontrolling

Bild 8.2 zeigt gängige und geeignete Performancekennzahlen im Bereich des Lieferantenmanagements.

Lieferantencontrolling Kennzahlen	Quartal 1 Soll/Ist	Quartal 2 Soll/Ist	Quartal 3 Soll/Ist	Quartal 4 Soll/Ist
Einkaufsvolumen ▪ Rahmenverträge (Euro) ▪ Einsparungen (%) ▪ Nutzungsgrad Rahmenverträge (%) ▪ ...				
Lieferleistung ▪ Termintreue (%) ▪ Flexibilität bei Mengenänderungen (%) ▪ Nachlieferungen (%) ▪ ...				
Prozesskennzahlen ▪ Anzahl Bestellungen (Euro und %) ▪ Anzahl der Rahmenverträge (Euro und %) ▪ Anzahl der Lieferantenvorgänge (Nr. und %) ▪ ...				
Kosten ▪ Materialkosten (Euro) ▪ Einmalkosten, z.B. Entwicklung (Euro) ▪ Kostenreduktionsideen (Euro und %) ▪ ...				
Qualität ▪ Anlieferqualität (%) ▪ Feldqualität (%) ▪ Reklamationsbearbeitung (Zeit pro Fall) ...				
Finanzkennzahlen ▪ Umsatz (Euro) ▪ Profitabilität (%) ▪ Produktivität (%) ▪ ...				

Bild 8.2 Performancekennzahlen im Lieferantencontrolling

Literatur

Arnolds, H.: (2021) *Materialwirtschaft und Einkauf. Grundlagen - Spezialthemen - Übungen*. Springer, Wiesbaden.

Büsch, M.: (2019) *Fahrplan zur Transformation des Einkaufs*. Springer, Wiesbaden.

Helmold, M.: (2021) *Innovatives Lieferantenmanagement. Wertschöpfung in globalen Lieferketten*. Springer, Wiesbaden.

Helmold, M.; Terry, B.: (2016) *Lieferantenmanagement 2030. Wertschöpfung und Sicherung der Wettbewerbsfähigkeit in digitalen und globalen Märkten*. Springer, Wiesbaden.

Helmold, M.; Terry, B.: (2021) *Operations and Supply Management 4.0. Industry Insights, Case Studies and Best Practices*. Springer, Cham.

Heß, G.: (2010) Supply-Strategien in Einkauf und Beschaffung. 2. Auflage. Springer Gabler Verlag, Wiesbaden.

Immerthal, L.: (2017) Lieferantenmanagement im Wandel. Die Digitalisierung im Lieferantenmanagement beginnt mit guter Kommunikation, in: *Beschaffung aktuell*. Abgerufen 31.10.2020. *https://beschaffung-aktuell.industrie.de/einkauf/die-digitalisierung-im-lieferantenmanagement-beginnt-mit-guter-kommunikation/*.

Irlinger, W.: (2012) *Kausalmodelle zur Lieferantenbewertung*. Springer, Gabler.

Janker, C.G.: (2008) *Multivariate Lieferantenbewertung*. 2. Auflage. Springer Gabler Edition Wissenschaft, Wiesbaden.

Kleeman, F.; Glas, A.: (2020) *Einkauf 4.0. Digitale Transformation der Beschaffung*. Springer, Wiesbaden.

Schupp, F.; Wöhner, H.: (2017) *Digitalisierung im Einkauf*. Springer, Wiesbaden.

9 Lieferanten auditieren im Lieferantenmanagement

Ein Audit ist eine systematische und strukturierte Bewertung eines Systems, Prozesses, Produkts oder anderen Bereichs mit dem Ziel, Abweichungen vom Sollzustand zu identifizieren. Audits können intern oder extern durchgeführt werden und basieren auf standardisierten Auditfragen und Auditchecklisten. Audits sollen so zu stetigen Verbesserungen führen und sind ein fundamentaler Bestandteil in jedem Unternehmen und bei der Betrachtung von Wertschöpfungs- und Lieferantennetzwerken.

Mit Audits werden betriebsinterne Prozesse, Systeme, Produkte und Dienstleistungen untersucht und Verbesserungspotenziale und Risiken identifiziert. Ein Audit zeigt einem Unternehmen, wo es in dem untersuchten Bereich steht, was gut funktioniert und wo es Verbesserungsbedarf gibt.

Als Ergebnis eines Audits werden Handlungsbedarfe und Korrekturmaßnahmen (engl.: Corrective Action Requests; CARs; Open Items = Offene Punkte) identifiziert und in einem terminierten Aktionsplan festgeschrieben.

Welche Art von Audit zum Einsatz kommt, hängt von der Art der Ziele ab, die ein Unternehmen als „erreicht" festgestellt haben möchte. Will es - eventuell im Zuge der Vorbereitung auf eine Zertifizierung - wissen, auf welchem Stand es sich in Bezug auf die Erfüllung der jeweiligen Normforderungen befindet, wird es zunächst interne Audits durchführen, danach kann (optional) ein Vor-Audit durch die Zertifizierungsgesellschaft erfolgen; hierbei würde deutlich, ob das betreffende Managementsystem bereits reif für ein Zertifizierungs-Audit ist, das dann über eine Zertifizierung entscheidet. Zwischen der Erteilung eines Zertifikats und dem drei Jahre später folgenden Audit zur Re-Zertifizierung stehen noch zwei jährliche Überwachungs-Audits an. Tabelle 9.1 zeigt die zentralen fünf Auditarten und ihre jeweilige Beschreibung.

Tabelle 9.1 Auditarten

Nr.	Auditart	Beschreibung des Audits
1.	Systemaudit	Bewertung eines Systems
2.	Prozessaudit	Bewertung des Prozesses: Input, Transformation, Output
3.	Produktaudit	Bewertung von Produktmerkmalen
4.	Kontrollaudit	Kontrolle der Korrekturmaßnahmen
5.	Andere Audits	Alle anderen Audits, z. B. Umweltaudits, Finanzaudits, Sicherheitsaudits etc.

Systemaudits

Das Systemaudit bewertet die Normenanforderungen für Qualitätsmanagementsysteme (QMS). Die Auditierung eines Managementsystems, z. B. nach DIN EN ISO 9001:2015, wird als Systemaudit bezeichnet. Dies kann auch eine Kombination aus mehreren Managementsystemen wie z. B. Umwelt, Qualität und Arbeitssicherheit sein, die dann als ein Integriertes Managementsystem bezeichnet werden.

Bild 9.1 zeigt die Gliederungsstruktur der DIN EN ISO 9001:2015 mit ihrer Zuordnung zum PCDA-Zyklus (Plan, Do, Check, Act). Der PDCA-Zyklus fokussiert die ständige Verbesserung und bildet die Basis eines jeden Qualitätsmanagementsystems.

Normabschnitt	DIN EN ISO 9001	PDCA Deming-Zyklus
0.	Einleitung	
1.	Anwendungsbereich	
2.	Normative Verweise	
3.	Begriffe	
4.	Kontext der Organisation	
5.	Führung	PLAN
6.	Planung	
7.	Unterstützung	Do
8.	Betrieb	
9.	Bewertung der Leistung	Check
10.	Verbesserung	Act

Bild 9.1 DIN EN ISO 9001

Prozessaudits

Ein Prozessaudit dient im Lieferantenmanagement der Beurteilung der Qualitätsfähigkeit und Leistungsfähigkeit von Einsatzfaktoren, Prozessen und dessen Outputs. Das Prozessaudit ist ein zentraler Bestandteil des Lieferantenmanagements und soll zu fähigen und beherrschten Prozessen bei Lieferanten führen, die gegenüber Disruptionen und Störungen robust sind. Durch die Stabilisierung der Prozesse wird die Produktqualität gesteigert und Reklamationen vorgebeugt. Durch Prozessaudits werden folgende Ziele verfolgt:

- Vorbeugung: Erkennen, Aufzeigen und Einleiten von Maßnahmen, die das Auftreten von Defiziten vermeiden
- Korrektur: Analysieren von bekannten Defiziten und Durchführung von Maßnahmen zur Behebung und Vermeidung des wiederholten Auftretens
- Kontinuierlicher Verbesserungsprozess: umgesetzte Maßnahmen aus einem Prozessaudit weiter verbessern, um den Prozess fähiger und robuster zu machen

Prozessaudits können im gesamten Produktlebenszyklus angewendet werden. Dies schließt interne und externe Prozesse, z. B. die gesamte Lieferkette, mit ein. Durch den Einsatz der Prozessaudits können mögliche Prozessrisiken im gesamten Produktentstehungsprozess (PEP) frühzeitig erkannt werden. Prozessaudits bewerten Prozessketten von Unternehmen vom Input über die Transformation bis zum Output.

Produktaudits

Im Rahmen der Prüfung einer definierten Anzahl von Produkten bestätigt das Produktaudit im Qualitätsmanagement die Qualitätsfähigkeit des Produktionsprozesses basierend auf den Qualitätsmerkmalen eines Produkts. Dabei wird überprüft, ob das Produkt den vorgegebenen Spezifikationen, speziellen Kunden- und Lieferantenvereinbarungen entspricht. Ein Produktaudit ist die Planung, die Durchführung, die Auswertung und die Dokumentation von Prüfungen, und zwar:

- von quantitativen und qualitativen Merkmalen
- an materiellen Produkten
- nach Abschluss eines Produktionsschritts
- und vor Weitergabe an den nächsten Kunden (intern/extern)
- auf Basis von Sollvorgaben
- durch einen unabhängigen Auditor

Ein Produktaudit dient der Begutachtung der Übereinstimmung mit den festgelegten eigenen Qualitätsanforderungen. Darüber hinaus zielt es auf die Begutachtung der Übereinstimmung mit den ausgesprochenen und unausgesprochenen Kundenanforderungen (mit den „Augen eines sehr kritischen Kunden“).

Das Produktaudit stellt eine Maßnahme zur Überprüfung der Effektivität durchgeführter Qualitätsprüfungen und -lenkungsmaßnahmen dar und führt unmittelbar und kurzfristig zu Prozess- und Produktverbesserungen.

Innerhalb der Automobilindustrie ist das PPAP-Verfahren ein gängiges Verfahren der Produktqualifizierung. Das Produktionsteil-Abnahmeverfahren PPAP (engl.: Production Part Approval Process) ist ein Verfahren aus der mittlerweile durch die IATF 16949 abgelösten QS 9000, bei dem Serienteile bemustert werden.

Kontrollaudits

Das Kontrollaudit ist eine spezielle Auditart außerhalb des turnusmäßigen Auditplans innerhalb der Wertschöpfungskette zur Verifizierung und Kontrolle der Fortschritte von Audits und kann folgende Gründe haben:

- Fortschrittskontrolle
- Spezielle Prozessaudits, z. B. für Prozesse wie Kleben, Lackieren, Schweißen etc.
- Eskalationsaudit
- Audits auf Basis von Kundenwünschen

Andere Audits

Andere Audits beinhalten alle möglichen Bewertungen von Normenanforderungen oder die Einhaltung von Standards in Teilbereichen durch 5S-Audits, Umweltaudits, Finanzaudits, Sicherheitsaudits etc.

> Im Downloadbereich finden Sie eine 5S-Checkliste, die bei Audits eingesetzt werden kann.

Literatur

Gietl, G.; Lobinger, W.: (2019) *Leitfaden für Qualitätsauditoren. Planung und Durchführung von Audits nach ISO 9001:2015.* Hanser Verlag, München.

Helmold, M.: (2020) *Lean Management and Kaizen. Fundamentals from Cases and Examples in Operations and Supply Chain Management.* Springer, Cham.

Helmold, M.: (2021) *Innovatives Lieferantenmanagement. Wertschöpfung in globalen Lieferketten.* Springer, Wiesbaden.

Helmold, M.; Samara, W.: (2019) *Progress in Performance Management. Industry Insights and Case Studies on Principles, Application Tools, and Practice.* Springer, Heidelberg.

10 Steuerungswerkzeuge im Lieferantenmanagement

Lieferantenlenkungskreis (LLK)

Der Lieferantenlenkungskreis (LLK) ist ein abteilungsübergreifendes Gremium auf Leitungsebene, in dem sich regelmäßig alle betroffenen Fachbereiche wie Qualität, Einkauf, Entwicklung, Produktion oder Logistik treffen. Die Leitung und Moderation des LLK übernimmt das Lieferantenmanagement. Auf Grundlage standardisierter Kennzahlen und anderer Werkzeuge werden präventive und reaktive Maßnahmen zur Performanceverbesserung von Lieferanten oder Lieferketten getroffen.

> Im Lieferantenlenkungskreis werden faktenbasierte und abteilungsübergreifend abgestimmte Entscheidungen getroffen. Das Ziel dabei ist, Versorgungsrisiken von vorneherein zu vermeiden. In diesem Team sollten alle Abteilungen vertreten sein, es sollte sich regelmäßig treffen und als fester Tagesordnungspunkt sollte eine Risiko- und Chancenbetrachtung fixiert werden. ■

Im LLK beschlossene Lieferantenprojekte folgen einem erfahrungsbasierten, standardisierten Verfahren und können hinsichtlich ihres Fortschrittstands jederzeit nachverfolgt werden. Bild 10.1 zeigt den Lieferantenlenkungskreis mit den Abteilungsleitern der jeweiligen Fachabteilungen. Die Abbildung zeigt die Kernmitglieder mit Vertretern aus den Bereichen Qualität, Einkauf, Logistik und Produktion. Darüber hinaus gibt es unterstützende Vertreter aus den Bereichen Nachhaltigkeit, Finanzen, Personal oder Marketing, Das Lieferantenmanagement moderiert und steuert diesen Regelkreis. Oft ist auch die Entwicklung involviert, um die technischen Machbarkeiten und Entwicklungsfähigkeiten von Lieferanten zu validieren. In vielen Unternehmen tagt der LLK monatlich, um Entscheidungen über Auswahl, Entwicklung oder Auslauf von Lieferanten zu definieren (Dust 2019).

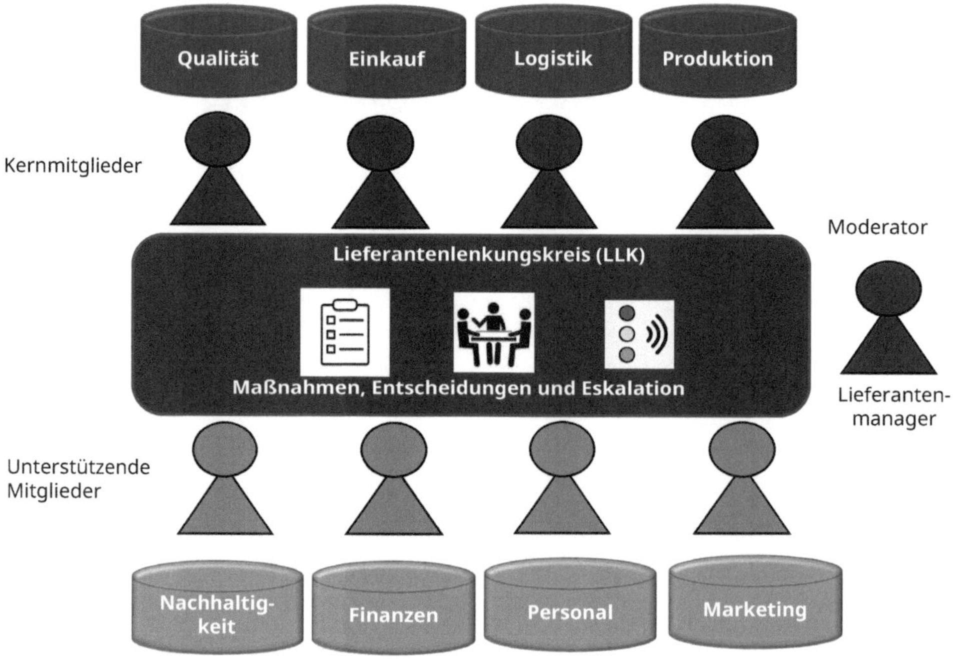

Bild 10.1 Lieferantenlenkungskreis (LLK)

Der Lieferantenlenkungskreis (LLK) steuert präventive und reaktive Maßnahmen im Lieferantenmanagement. Auch die Selektion geschieht interdisziplinär durch den LLK.

Lieferantenmanager als Single Point of Contact (SPOC)

Bei der unternehmensinternen Umsetzung des Lieferantenmanagements ist eine intensive Zusammenarbeit zwischen dem Lieferantenmanagement und den Fachabteilungen zwingend notwendig. Mitarbeiter aus Lieferantenmanagement, Einkauf, Supply Chain Management, Logistik, Entwicklung, Qualität und Produktion müssen für ausgewählte Lieferanten oder Materialgruppen übergreifende Teams bilden, die sich mit systematischem Lieferantenmanagement, der Verbesserung, der Standardisierung, der Reduzierung der Wertschöpfungstiefe, der Lieferantenintegration und anderen Fragen beschäftigen. Die Teams schaffen durch gruppenweite Zusammenarbeit Know-how, um unentbehrliches Produkt-, Markt- und Lieferantenwissen zu generieren. Der Lieferantenmanager agiert in diesem Zusammenhang als Schnittstelle und zentraler Ansprechpartner wie Bild 10.2 zeigt. Gemeinsam mit zuverlässigen Partnern sichern alle Parteien hohe Qualitätsstandards durch einen standardisierten Regelprozess.

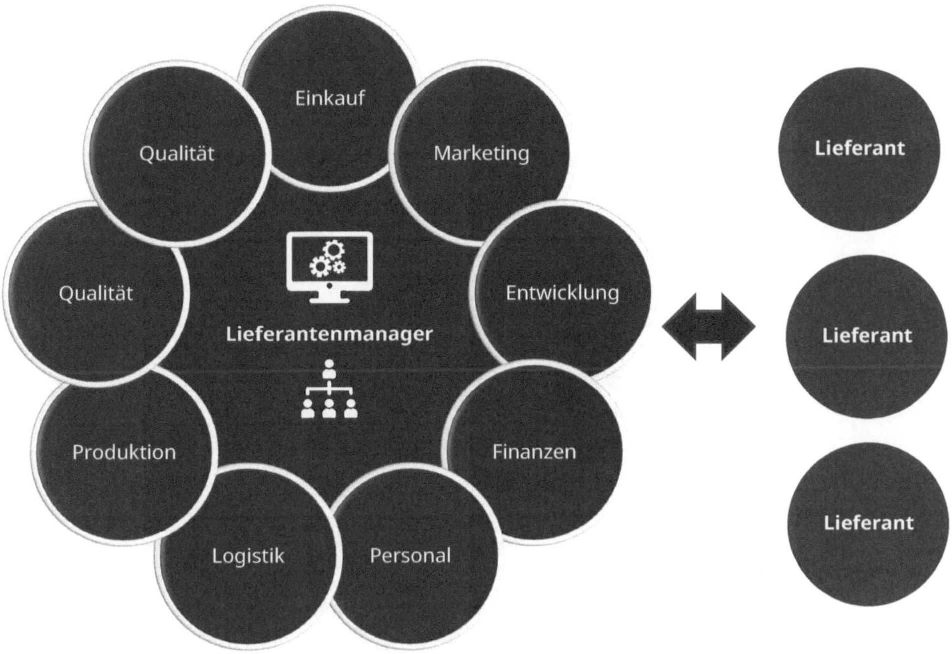

Bild 10.2 Lieferantenmanager als Schnittstelle zu Lieferanten

> Der Lieferantenmanager ist der zentrale Ansprechpartner für die Lieferanten als „Single Point of Contact“.

Lieferantenmanagement-Workshops

Ein Lieferantenmanagement-Workshop (deutsch: Arbeitskreis oder Denkwerkstatt) ist eine Veranstaltung, in der eine kleinere Gruppe mit begrenzter, kompakter Zeitdauer intensiv an einem Thema und Teilbereich arbeitet. Ein Kennzeichen ist dabei die kooperative und moderierte Arbeitsweise an einem gemeinsamen Ziel auf Basis der Prinzipien des Lean Managements. Lieferantenmeanmanagement-Workshops haben das Ziel der Verbesserung der Supply Chain und die Minimierung des Verschwendungspotenzials. Die branchenübergreifende Nutzbarkeit ist eine der großen Stärken des Konzepts. Bild 10.3 zeigt den Ablauf von Lieferantenworkshops.

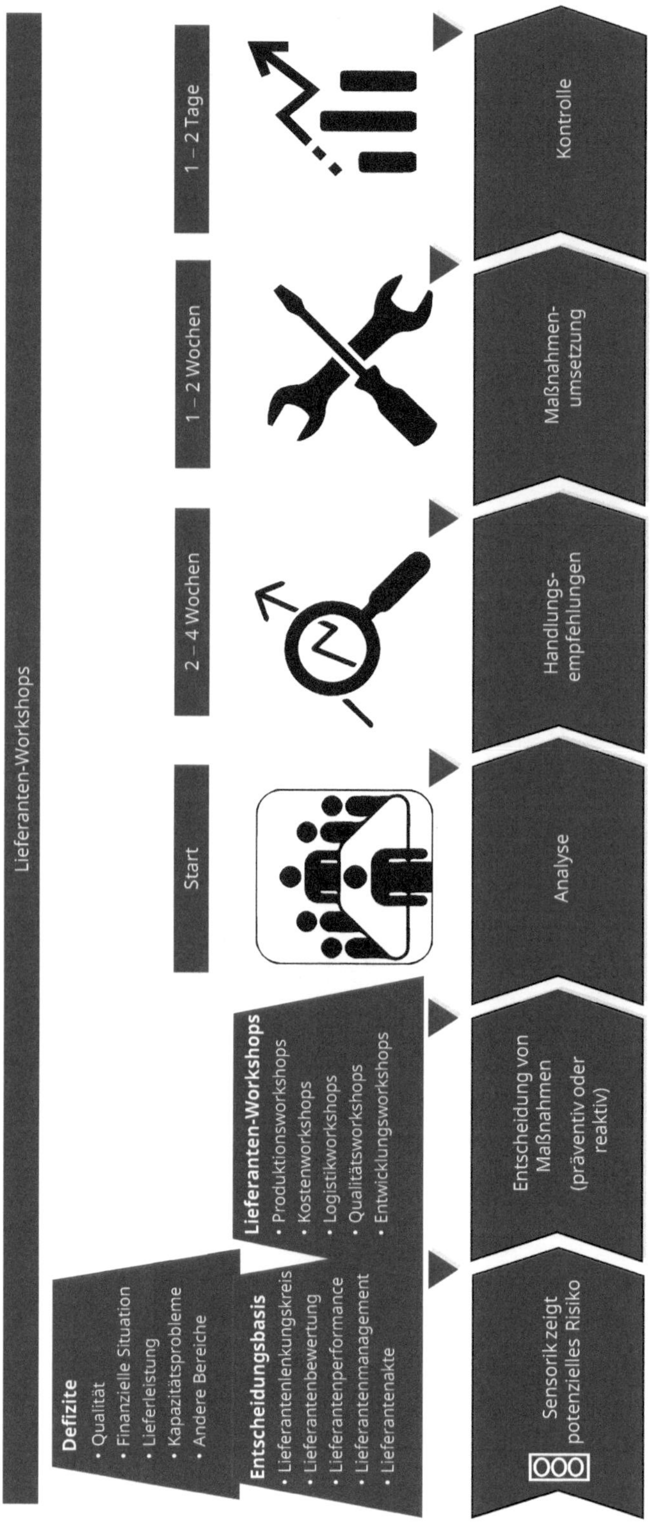

Bild 10.3
Lieferanten-Workshop

Lieferantenakte

Eine Lieferantenakte beinhaltet alle relevanten Informationen eines Lieferanten. Lieferantenakten werden vom Lieferantenmanagement zur gezielten Steuerung der Performance eingesetzt. Sämtliche Informationen wie auch Funktionen zum Lieferanten lassen sich in Lieferantenakten an zentraler Stelle zusammenfassen. Die Lieferantenakte sichert die Zusammenführung von Dokumenten und Informationen des Einkaufsprozesses in einer Akte, zum Beispiel Bestellanforderungen, Anfragen, Preisvergleiche, Bestellungen, Wareneingang, Verträge, Gespräche und E-Mails. Meist sind diese Akten digitalisiert. Bild 10.4 zeigt exemplarisch ein Muster einer Lieferantenakte.

Bild 10.4
Lieferantenakte

> Die Lieferantenakte ist ein zentraler Baustein mit Information über Lieferanten. Das Lieferantenmanagement ist für die Erstellung von Lieferantenakten verantwortlich. Im Downloadbereich finden Sie ein Beispiel.

Lieferantencockpit

Das Lieferantencockpit ist ein zentrales und meist digitalisiertes Werkzeug zur Bewertung, Einstufung und Entwicklung der Lieferanten. Im Cockpit werden für die meist fünf Bereiche Einkauf, Logistik, Qualität, Entwicklung und Nachhaltigkeit Kennzahlen berechnet und visuell in einem Cockpit dargestellt.

Lieferantentag

Für gute Geschäftsbeziehungen mit beiderseitigem Informationsaustausch bieten sich kongressähnliche Tagungen an. Ob als Tagungsteilnehmer alle Zulieferer und Lieferanten eines Herstellers eingeladen werden oder ob beispielsweise die wichtigsten Zulieferer, Lieferanten eines Kontinents oder Landes ist abhängig von der Zielsetzung dieses Lieferantentags. Der Erfolg eines Unternehmens basiert unter anderem auf einer intensiven, partnerschaftlichen und vertrauensvollen Zusammenarbeit zwischen dem Unternehmen und seinen Lieferanten. Ein intensiver Austausch und Dialog stellen dabei die Grundlage einer erfolgreichen Zusammenarbeit dar. Oft werden auf Lieferantentagen Innovationen, Neuheiten oder Prozessänderung vorgestellt und Lieferanten mit sehr guter Performance ausgezeichnet.

Lieferantenakademie

Zahlreiche Unternehmen mit einem Weltklasse-Lieferantenmanagement haben eine eigene Lieferantenakademie (z. B. die Unternehmen Porsche, ZF Friedrichshafen, Bosch), in welcher Mitarbeiter aus dem eigenen Unternehmen und externe Lieferanten gezielt geschult werden. Die Lieferantenakademien helfen dem eigenen Unternehmen, neue Lieferanten oder Risikolieferanten auf den geforderten Reifegrad hinsichtlich Standards oder Qualitätsanforderungen zu entwickeln bzw. zu coachen. Ferner erhöhen sie die Kompetenzen der eigenen Mitarbeiter. Das Ziel ist dabei die nachhaltige Verbesserung der Lieferanten in Bereichen wie Qualität, Logistik, Prozesse oder Innovationen. Relevante Faktoren sind vor allem Qualität, Zeit und Kosten; praktische Belege z. B. die Reduzierung von Ausschuss und Nacharbeit. Experten und sogenannte Lieferanten-Coaches (engl.: Trainer, Coach) beraten und schulen in allen Fragen vom Anlauf bis zum Serienende.

Eskalationsstufen im Lieferantenmanagement

Eskalation (engl.: Escalation = Steigerung) ist das Steigern und Verschärfen von gezielten Maßnahmen. Im Bereich des Lieferantenmanagements wird der Begriff der „Eskalation" so verwendet, um bestimmte Maßnahmen bei Lieferantenstörungen und -defiziten kontrolliert auf eine oder mehrere Hierarchieebenen „nach oben" zu verlagern und konkrete Korrekturmaßnahmen umzusetzen. Tabelle 10.1 zeigt vier Eskalationsstufen.

Tabelle 10.1 Eskalationsstufen im Lieferantenmanagement

Stufe	Eskalation	Beschreibung
Standardaktivität	Normalfall	Standardmethoden des normalen Projektgeschäfts
1.	Lieferantenaktivität	Sondermaßnahmen seitens der Lieferanten durch Koordination des Lieferantenmanagements

Stufe	Eskalation	Beschreibung
2.	Aktive Unterstützung	Lieferantenentwicklung durch Einsatz zusätzlicher Kapazitäten und Experten
3.	Unmittelbare Unterstützung	Lieferantenentwicklung durch Einsatz zusätzlicher Experten und Sofortmaßnahmen

Literatur

Büsch, M.: (2019) *Fahrplan zur Transformation des Einkaufs.* Springer Wiesbaden.

Dathe, T.; Helmold, M.: (2018) *Erfolg im Chinageschäft. Handlungsempfehlungen für kleine und mittlere Unternehmen (KMU).* Springer, Wiesbaden.

Dust, R.: (2019) *Total Supplier Management.* Hanser Verlag, München.

Helmold, M.: (2021) *Innovatives Lieferantenmanagement. Wertschöpfung in globalen Lieferketten.* Springer, Wiesbaden.

Helmold, M.; Einmahl, R.; Rassmann, K. et al.: (2020) *In: IUBH Discussion paper. Lessons from the COVID-19 Situation: Rethinking Global Supply Chain Networks and Strengthening Supply Management in Public Procurement in Germany.* Abgerufen 31.10.2020. *https://www.iubh-university.de/wp-content/uploads/DP_Logistik_Helmold_4_2020fin.pdf.*

Helmold, M.; Terry, B.: (2016) *Lieferantenmanagement 2030. Wertschöpfung und Sicherung der Wettbewerbsfähigkeit in digitalen und globalen Märkten.* Springer, Wiesbaden.

Immerthal, L.: (2017) Lieferantenmanagement im Wandel. Die Digitalisierung im Lieferantenmanagement beginnt mit guter Kommunikation, in: *Beschaffung aktuell.* Abgerufen 31.10.2020. *https://beschaffung-aktuell.industrie.de/einkauf/die-digitalisierung-im-lieferantenmanagement-beginnt-mit-guter-kommunikation/.*

Kleeman, F.; Glas, A.: (2020) *Einkauf 4.0. Digitale Transformation der Beschaffung.* Springer, Wiesbaden.

Kolev, G.; Obst, T.: (2020) *Die Abhängigkeit der deutschen Wirtschaft von internationalen Lieferketten. Institut der deutschen Wirtschaft.* IW-Report Nr. 16. 23. April 2020. Abgerufen 31.10.2020. *https://www.iwkoeln.de/studien/iw-reports/beitrag/galina-kolev-thomas-obst-die-abhaengigkeit-der-deutschen-wirtschaft-von-internationalen-lieferketten.html.*

Schupp, F.; Wöhner, H.: (2017) *Digitalisierung im Einkauf.* Springer, Wiesbaden.

Schwarz, E.: (2019) Porsche 911. Hand in Hand zum Erfolg, in: *Porsche Newsroom.* Abgerufen 14.10.2020. *https://newsroom.porsche.com/de/2019/unternehmen/porsche-beschaffungs-vorstand-uwe-karsten-staedter-911-zulieferer-17084.html.*

11 Anforderungen an Lieferantenmanager:innen

Lieferantenmanagement stellt in mehrfacher Hinsicht besondere Herausforderungen an die hierfür verantwortlichen Personen: Zum einen muss das Unternehmen nach außen vertreten und die Interessen des Unternehmens verfolgt werden. Zugleich muss mit den Lieferanten eine vertrauensvolle Beziehung aufgebaut werden. Ebenso wichtig ist, dass die betroffene Belegschaft mit an Bord ist. Eine facettenreiche Rolle, die Fingerspitzengefühl und zugleich Verhandlungsstärke erfordert.

Zudem sind auch interkulturelle Fähigkeiten gefragt. Das Beziehungsnetzwerk ist komplex und im Regelfall international. Dazu gehören Lieferanten und andere Anspruchsgruppen (engl.: Stakeholders) ebenso, wie die anderen Fachabteilungen im Unternehmen.

Die Person, die für das Lieferantenmanagement verantwortlich ist, muss die Abläufe der eigenen Organisation kennen, aber auch die Abläufe der weltweiten Märkte und Zulieferfirmen, welche Produkte und Dienstleistungen sie in welcher Qualität, zu welchen Kosten, zu welchen Konditionen wann, wo und wie schnell beziehen können. Materialien, die dagegen nicht zu kaufen sind oder keine Randkompetenzen darstellen, muss das Unternehmen mit eigenen Ressourcen entwickeln und produzieren, weil es sie auf dem Markt nicht gibt. Auch hier unterstützt das Lieferantenmanagement.

Ferner müssen Lieferantenmanager strategisch und präventiv anhand digitaler Werkzeuge, Plattformen und Risikomanagement Situationen vorausschauend bewerten, in denen es Lieferausfälle geben kann. Lieferantenmanager können nicht nur einzelne Lieferanten betrachten, sondern müssen den Überblick über die gesamte Wertschöpfungskette haben.

Nur wenn diese Anforderungen erfüllt werden, entwickelt sich ein Lieferantenmanager von der Bestellverwaltung zu einem Strategieberater und Fortschrittskatalysatoren. Und diese Entwicklung ist nötig, damit das Unternehmen flexibler reagieren und Krisen bewältigen kann.

11.1 Persönliche Kompetenzen

Der Erfolg eines Unternehmens hängt maßgeblich von der Führungskompetenz seiner Verantwortlichen ab. Wer an der Spitze eines Unternehmens steht und seine Mitarbeiter kompetent führen möchte, braucht Führungsqualitäten. Einige dieser Führungskompetenzen lassen sich erlernen, andere sind Charakterzüge. Voraussetzung für Führungsstärke ist, dass sie über eine natürliche Autorität verfügen und sich in ihrer Führungsrolle wohlfühlen, denn nur so wird ihnen die Belegschaft vertrauen und sich von ihnen auch führen lassen.

Unter Leadership-Fähigkeiten und -Kompetenzen werden Managementkompetenzen verstanden, die Führungskräften dabei helfen, Mitarbeitende so einzusetzen, dass Unternehmens-, Bereichs- oder Abteilungsziele erreicht werden. Die Kompetenzanforderungen von Führungskräften sind facettenreich und mehrdimensional (Jachtchenko 2020). Führungskräfte und Leader müssen ihre Mitarbeiter optimal motivieren, um als Team die Unternehmensziele zu erreichen. Daher benötigen Führungskräfte persönliche, soziale, fachliche, methodische und weitere Kompetenzen, wie Bild 11.1 zeigt:

- **Soziale Kompetenzen**

  Erfolgreiche Führung erfordert die Fähigkeit, im Zusammenspiel und in der Interaktion mit anderen Menschen zu arbeiten und relevante Ziele zu erreichen. Diese Eigenschaften werden auch als Sozialkompetenz definiert. Auch wenn Führungskräfte manchmal Entscheidungen einsam treffen, müssen diese auch durchsetzbar sein, die Meinungen der Stakeholder berücksichtigen und die Bedürfnisse des Umfelds berücksichtigen. Neben der Kommunikationsfähigkeit spielen Empathie, Kompromissbereitschaft, Motivation, Führung oder Coaching-Fähigkeiten eine wichtige Rolle. Soziale Fähigkeiten machen es überhaupt erst möglich, erfolgreich mit anderen zu kommunizieren und zu führen.

- **Fachliche Kompetenzen**

  Fachliche Führungskompetenzen fokussieren auf die Auswahl, Festlegung und Umsetzung der Unternehmensstrategien und -ziele, Koordinierung der betrieblichen Teilbereiche (Funktionen) wie Beschaffung, Produktion, Forschung, Entwicklung und Vertrieb sowie die Lösung außergewöhnlicher Probleme oder Krisen. Fachliche Kompetenzen umfassen Fertigkeiten, Kenntnisse und Engagement fachlicher und vor allem auch branchenrelevanter Natur. Fachliche Kompetenzen einer Führungskraft sollten Finanzkennzahlen, Qualitätswerkzeuge, Problemlösungsmethoden, Kostenanalyse, Nachhaltigkeit und andere meist unternehmensspezifischen Bereiche beinhalten.

- **Methodenkompetenzen**

  Methodenkompetenz beinhaltet die Fähigkeit, Informationen zu beschaffen, zu strukturieren, zu analysieren, auszuwerten, wiederzuverwerten, darzustellen, Ergebnisse von Verarbeitungsprozessen richtig zu interpretieren und sie geeignet zu präsentieren. Ferner umfassen Methodenkompetenzen die Fähigkeit, Konflikte zu erkennen und zu lösen. Auch Sprachen zählen zu den methodischen Werkzeugen.

- **Weitere Kompetenzen**

  Zusätzlich zu den persönlichen, sozialen, fachlichen und methodischen Kompetenzen benötigen Führungskräfte folgende Verhaltensweisen für erfolgreiche Führung:

  - Interkulturelle Fähigkeiten, um internationale Teams zu führen (intercultural interaction)
  - Kontinuierliche Vorbildfunktion, um Vertrauen aufzubauen und um Loyalität zu gewinnen (idealized influence)
  - Inspirierende Motivation, um sinnvolle Ziele festzulegen und Mitarbeiter zu motivieren und so die Leistungsbereitschaft zu steigern (inspirational motivation)
  - Selbstständige Kreativität, um Problemlösungen anzuregen (intellectual stimulation)
  - Mitarbeiter individuell fördern, damit sie ihre persönlichen Stärken weiter entwickeln können (individualized consideration)
  - Fairness in der zwischenmenschlichen Kommunikation
  - Unternehmerisches Denken und Handeln, Agilität und Flexibilität

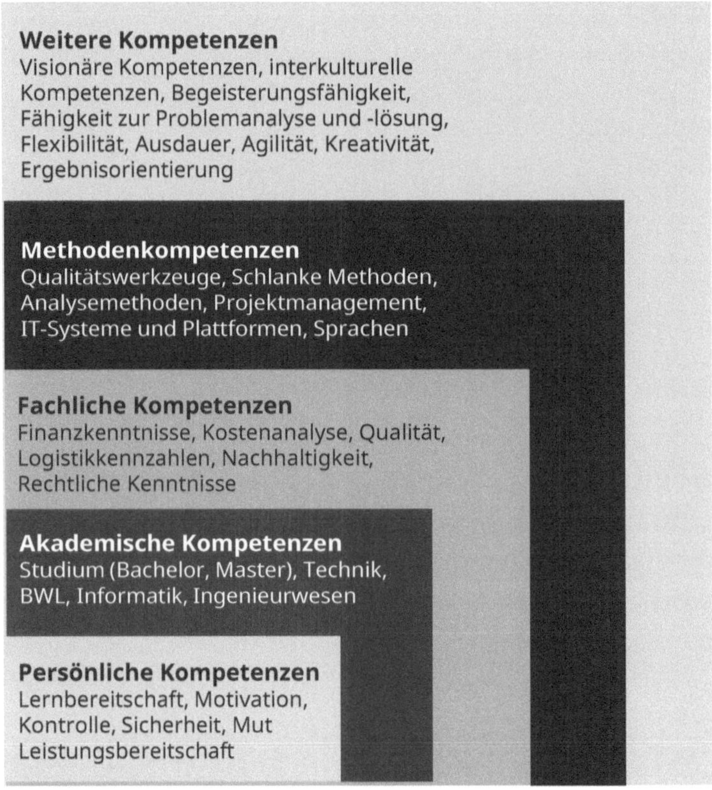

Bild 11.1 Kompetenzanforderung im Lieferantenmanagement

Die Kompetenzanforderungen an Lieferantenmanager umfassen weiche und harte Kompetenzen:

- Kommunikationsstärke
- Projektmanagementfähigkeiten
- Problemlösungskompetenzen
- Analysefähigkeiten
- Interkulturelle Kompetenzen
- Methodenwissen im Bereich Lieferantenmanagement
- Unternehmerisch-strategisches Denken
- Risikobewusstsein
- IT-Kompetenz
- Organisationstalent
- Kulturelle Erfahrung
- Internationalität

11.2 Emotionale Intelligenz

Begriffsdefinition

Unter Emotionaler Intelligenz (EI) wird die Fähigkeit verstanden, Gefühle (bei sich und anderen) und menschliche Beziehungen richtig einschätzen und entsprechend handeln zu können. Populär wurde der Begriff „Emotionale Intelligenz" durch das gleichnamige Buch des amerikanischen Journalisten und Psychologen David Goleman aus dem Jahr 1995. Goleman sieht in der Emotionalen Intelligenz eine wichtige Voraussetzung für die berufliche Karriere und erfolgreiche Führung. Bereits 1920 hatte der berühmte Psychologe und Intelligenzforscher Edward Thorndike den Begriff „Soziale Intelligenz" für die Fähigkeit verwendet, andere Menschen richtig einschätzen und anleiten zu können. Goleman unterschied später vier Kompetenzbereiche der Emotionalen Intelligenz:

- Selbstwahrnehmung (self-awareness): Wahrnehmen und Verstehen der eigenen Gefühle
- Selbstmanagement: Kontrolle der eigenen Gefühle und Handlungen
- Einfühlungsvermögen (social awareness, empathy): Wahrnehmen und Verstehen von Gefühlen und Beziehungen anderer
- Beziehungsmanagement (relationship management): Verstehen und Beeinflussen von zwischenmenschlichen Beziehungen

In der aktuellen Forschung werden drei Modelle der Emotionalen Intelligenz unterschieden:

- Emotionale Intelligenz als erlernbare Fähigkeit (Ability EI), z.B. Fähigkeit zur richtigen Wahrnehmung von Gefühlen
- Emotionale Intelligenz als grundlegende Eigenschaft (Trait EI)
- Emotionale Intelligenz als Mischung von Motivation, Fähigkeiten und Persönlichkeitseigenschaften (Mixed EI), wie im Ansatz von Goleman

Vorteile der emotionalen Intelligenz

Das Besondere an der emotionalen Intelligenz ist, dass es dabei sowohl um den Umgang mit sich selbst geht, als auch um den mit anderen Menschen. Emotionale Intelligenz beschreibt also das Selbstmanagement und die Selbsterfahrung auf der einen Seite und Kompetenzen und Fähigkeiten im Umgang mit anderen Menschen auf der anderen. Für die emotionale Intelligenz sind vor allem folgende Kompetenzen entscheidend:

- *Selbstbewusstheit*: Gemeint ist die realistische Einschätzung der eigenen Persönlichkeit, also das Erkennen und Verstehen der eigenen Gefühle, Bedürfnisse, Motive und Ziele, aber auch das Bewusstsein über die persönlichen Stärken und Schwächen. Es geht darum, sich selbst gut zu kennen, um einschätzen zu können, wie man selbst in bestimmten Situationen reagiert, was man braucht und wo man noch an sich selbst arbeiten muss.

- *Selbststeuerung*: Als Selbststeuerung wird die Fähigkeit bezeichnet, die eigenen Gefühle und Stimmungen durch einen inneren Dialog zu beeinflussen und zu steuern. Mit dieser Fähigkeit sind wir unseren Gefühlen nicht mehr nur einfach ausgeliefert, sondern können sie konstruktiv beeinflussen. Ein Beispiel: Wenn uns etwas wütend macht, können wir uns durch unseren inneren Dialog selbst beruhigen und können dann viel angemessener reagieren, als wenn wir nicht in Lage sind, uns selbst zu steuern.
- *Motivation*: Sich selbst motivieren zu können heißt, immer wieder Leistungsbereitschaft und Begeisterungsfähigkeit aus sich selbst heraus entwickeln zu können. Diese Fähigkeit ist besonders hilfreich in Phasen, in denen ein Projekt schwierig wird oder wenn die Dinge anders laufen als geplant. Wer sich selbst motivieren kann, findet immer wieder Kraft zum Weitermachen und verfügt auch über eine höhere Frustrationstoleranz, also über das Vermögen, Frust auszuhalten und trotzdem weiterzumachen.
- *Empathie*: Empathie heißt Einfühlungsvermögen. Gemeint ist damit das Vermögen, sich in die Gefühle und Sichtweisen anderer Menschen hineinversetzen zu können und angemessen darauf zu reagieren. Es geht darum, Mitmenschen in ihrem Sein wahrzunehmen und zu akzeptieren. Dabei heißt akzeptieren nicht automatisch gutheißen. Andere Menschen zu akzeptieren, heißt ihnen mit Respekt entgegenzutreten und Verständnis für ihr Tun und Denken zu haben.
- *Soziale Kompetenz*: Unter sozialer Kompetenz versteht man z. B. die Fähigkeit, Kontakte und Beziehungen zu anderen Menschen zu knüpfen und solche Beziehungen auch dauerhaft aufrecht erhalten zu können. Gemeint ist also ein gutes Beziehungs- und Konfliktmanagement, aber auch Führungsqualitäten oder das Vermögen, funktionierende Teams zu bilden und zu leiten.
- *Kommunikationsfähigkeit*: Eine gute Kommunikationsfähigkeit ist unerlässlich für die emotionale Intelligenz. Gemeint sind damit zwei Dinge: einerseits die Fähigkeit, sich klar und verständlich auszudrücken und somit sein Anliegen deutlich und transparent zu übermitteln; andererseits ist damit die Fähigkeit gemeint, anderen Menschen aktiv und aufmerksam zuhören zu können, und das, was sie sagen, zu verstehen und einzuordnen.

Das EI-Konzept von Goleman wurde vielfach kritisiert, u. a., weil es erlernbare Fähigkeiten mit grundlegenden Persönlichkeitseigenschaften vermischt. Zudem wird Goleman vorgeworfen, lediglich bestehende ältere Konzepte unter einem neuen Namen verkauft zu haben. Einige Forscher bestreiten, dass die Emotionale Intelligenz überhaupt ein eigenständiges Konzept darstellt. Sie glauben, dass sich die Emotionale Intelligenz weitgehend aus der Ausprägung der fünf grundlegenden Persönlichkeitsdimensionen (Big Five) ergibt.

Trotz dieser Kritik hat sich das Konzept in der freien Wirtschaft durchgesetzt. Viele Unternehmen wählen Bewerber und Führungskräfte heute aufgrund von EI-Eigenschaften wie Einfühlungsvermögen (Empathie) und Selbstmanagement aus. Zahlreiche Studien geben ihnen recht, in denen sich immer wieder zeigt, dass nicht die Ability EI entscheidend für den beruflichen Erfolg ist, sondern die Mixed EI im Sinne Golemans. Emotionale Intelligenz ermöglicht es Führungskräften, z. B. ein besseres Arbeitsklima zu schaffen und so die Produktivität um bis zu 20 % zu steigern (Goleman 2008).

Emotionale Intelligenz ist eine notwendige Eigenschaft im Lieferantenmanagement. Sie können diese erlernen. Spezialisten und Berater (wie Prof. Dr. Marc Helmold) bieten spezielle Kurse an, in denen man weiche und harte Kompetenzen erlernen kann.

Literatur

Goleman, D.: (2008) *Soziale Intelligenz.* Knaur, München.

Helmold, M.; Samara, W.: (2019) *Progress in Performance Management. Industry Insights and Case Studies on Principles, Application Tools, and Practice.* Springer, Heidelberg.

Jachtchenko, W. (2020). Die 5 Rollen einer Führungskraft. Taschenbuch. Remote Verlag, Hückelhoven.

Peters, T.: (2015) *Leadership. Traditionelle und moderne Konzepte. Mit vielen Beispielen.* Springer, Wiesbaden.

Pfeiffer, S.: (2021) *Führungskraft: Das große Leadership Buch - Erfolgreiche Mitarbeiterführung durch praxisnahe Methoden und Techniken inkl. Mitarbeitergespräche und Kommunikationstraining.* Eulogia Verlags GmbH, Hamburg.

12 Erfolgreich in resilienten Lieferketten verhandeln

12.1 Verhandlungen – zentral im Lieferantenmanagement

Führungskräfte müssen fast täglich mit internen und externen Stakeholdern verhandeln. Verhandlungen sind eine Form der Kommunikation, meist in Gesprächsform, über einen kontroversen Sachverhalt, die durch gegensätzliche Bedürfnisse, Interessen und Motive und gekennzeichnet sind. Im Lieferantenmanagement sind Verhandlungen an der Tagesordnung über beispielsweise Preise, Lieferzeiten oder Qualität.

Grundsätzlich haben Verhandlungen das Ziel, einen Interessenausgleich zu erzielen, indem man die Positionen und die Intensität der Bedürfnisse abwägt, und so zu einem Ergebnis kommt (Obrien 2016). Menschen haben Interessen, Wünsche, Motive und Bedürfnisse, die sie realisieren möchten. Diese Bedürfnisse können zwar von unterschiedlicher Natur sein, haben aber gleiche Eigenschaften und Ausprägungen. Einkäufer haben den Wunsch und das Bedürfnis, in einer Transaktion den niedrigsten Einkaufspreis zu erzielen, wogegen Verkäufer nach dem höchsten Verkaufspreis streben. Beide Seiten zielen auf den für die eigene Seite optimalen Preis. Auch unternehmensinterne Forderungen für ein höheres Budget sind Bedürfnisse, die in unternehmensinternen Verhandlungen durchgesetzt werden müssen. In einem Unternehmen kann beispielsweise der Wunsch zusätzlicher Vertriebsmitarbeiter bestehen, um in andere Länder und Märkte zu expandieren. Diese Bedürfnisse und Wünsche stellen Verhandlungen über kontroverse Sachverhalte dar und führen meist zu einem mehr oder weniger einvernehmlichen Ergebnis.

Verhandlungen sind Interaktionen zwischen zwei oder mehreren Parteien über einen konkreten Sachverhalt mit dem grundsätzlichen Interesse der Parteien, eine Einigung zu erzielen. Verhandlungen sind gekennzeichnet durch einen avisierten Interessenausgleich und ein Verhandlungsergebnis. Verhandlungen sind vielfältig und finden in jedem erdenklichen Lebensbereich statt (Schranner 2009). Beispiele für Verhandlungen sind:

- Kommerzielle Diskussionen und Vereinbarungen von Einkäufern und Verkäufern im Rahmen von Handelsgeschäften
- Technische Vereinbarungen über Leistungsmerkmale von Produkten zwischen Kunde und Lieferant
- Absprachen zwischen Anbieter und Kunde über die Leistungs- und Spezifikationsmerkmale von Dienstleistungen
- Koalitionsverhandlungen zwischen Parteien zur Regierungsbildung nach den letzten Bundestagswahlen
- Online-Auktionen der Einkaufsabteilung eines großen Konzerns für Umfänge eines Großprojekts
- Feilschen mit dem Verkäufer auf dem Flohmarkt mit dem anschließenden Kauf eines antiken Möbelstücks
- Studierende, die eine mündliche Abschlussprüfung haben, und Fragen der Professoren beantworten
- Bewerbungen und Vorstellungsgespräche für eine Position mit Personal- und Fachabteilung über Gehalt
- Forderung nach einer Gehaltserhöhung eines Mitarbeiters bei seinem Vorgesetzten aufgrund guter Leistungen
- Vereinbarung von Mitarbeiterzielen im Rahmen der Jahresgespräche durch Vorgesetzte und Mitarbeiter
- Absprachen von freien Beratern über Projektumfänge und Arbeitsaufkommen mit dem beauftragenden Kunden
- Bewerbung eines Honorardozenten bei einer Universität für Lehre mit Studierenden der Wirtschaftswissenschaften
- Diskussion zwischen Eltern und Kindern, in welches Restaurant die Familie in der Nachbarschaft geht
- Kinder, die ihre Eltern beim Einkaufen in einem Supermarkt an der Kasse um Süßigkeiten bitten
- Geiselnahmen und Geltendmachung der Forderungen der Geiselnehmer bei der Polizei, z. B. Fluchtauto

Der Begriff Verhandlung (engl.: Negotiation) kommt ursprünglich aus den lateinischen Wortstämmen „Neg“ (deutsch: nein, keine) und „Otium“ (deutsch: Freizeit), d. h. „keine Freizeit“. Im 17. Jahrhundert ist der Begriff in der französischen Sprache abgewandelt worden hin zu den Bedeutungen wie „Geschäftstransaktion, Vereinbarung und Lösung eines Konflikts“ (Cambridge Dictionary 2018). Verhandlungen können als ein Prozess und die Erreichung einer Einigung über einen bestimmten Sachverhalt durch mindestens zwei Parteien definiert werden (Obrien 2016). Alle Parteien haben in diesem Zusammenhang das Ziel, einen Interessenausgleich zu erzielen und einen Konflikt auszuräumen, und das durch gemeinsame Grundlagen (Abdel-Latif 2015). Verhandlungen sind daher charakterisiert durch folgende Attribute und Eigenschaften:

- Es müssen mindestens zwei oder mehrere Parteien involviert sein.
- Das Ziel der Parteien muss sein, eine Vereinbarung zu erreichen.
- Das Bestreben der Parteien muss es sein, einen Konflikt einvernehmlich zu beseitigen.
- Die Bereitschaft für das Geben und Nehmen aller Parteien muss vorhanden sein.
- Es muss ein angestrebter Interessenausgleich erreicht werden.
- Alle Parteien müssen Initiativen ergreifen, um eine Lösung zu finden.

Sind diese Attribute nur teilweise oder nicht erfüllt, so spricht man nicht von Verhandlungen (Obrien 2016). Neben den Attributen von Verhandlungen beschreiben zahlreiche Autoren, dass gewisse Erfolgsfaktoren für positive Verhandlungen notwendig sind. Verhandlungen müssen effektiv und effizient gestaltet werden und in einem richtigen Umfeld stattfinden.

Erfolgsfaktoren bei Verhandlungen

- Effektivität in den Verhandlungen (Qualität)
- Effizienz im Prozess der Verhandlungen (Zeitmanagement)
- Klima der Verhandlungen (Beziehungen)
- Machtausgeglichenheit der Verhandlungspartner (Gleichheit)
- Verständigung über die Verhandlungspunkte (Kommunikation)
- Gemeinsame Vorteile (Fairness)
- Formulierung der Ziele (Klarheit)
- Ergebnisorientierung (Wertschöpfung)

(Obrien 2016)

12.2 Verhandlungskonzept in sechs Schritten

Verhandlungen müssen analytisch, systematisch konzeptioniert, gut strukturiert und ergebnisorientiert sein. Ein in der Praxis angewandtes Modell ist das A-6-Konzept (Helmold, Dathe & Hummel 2022). Dieses Konzept umfasst sechs Phasen von A-1 bis A-6, die in jeder Verhandlung nacheinander berücksichtigt werden müssen, um den optimalen Erfolg zu erzielen.

Bild 12.1 zeigt die sechs Schritte von der Analyse hin zur Achtung und Einhaltung der Vereinbarung. Nach der detaillierten Analyse finden die Auswahl der geeigneten Strategien und Taktiken statt. Basis ist hier das Drehbuch oder Manuskript, welches im Rahmen dieses Kapitel beschrieben wird. Das Manuskript ist der rote Faden, nach dem man die Verhandlungen strukturiert durchführt. Die Strategien und Taktiken bestimmen die Argumentation und den Aufbau der Verhandlungen. Hat man diese Schritte erledigt, so kann man in die eigentliche Verhandlung gehen. Hier wird der Aktionsradius festgelegt. Innerhalb der Strategie und Argumentation werden mögliche Gegenargumente der anderen Seite und Widerstände identifiziert sowie Taktiken, um diese Widerstände erfolgreich zu brechen, ohne den Verhandlungspartner das Gesicht verlieren zu lassen. Als letzter Schritt sind die Ausgestaltung des Verhandlungsergebnisses und die Einhaltungen der Verhandlung von entscheidender Bedeutung.

Verhandlungen sind Teil des Lieferantenmanagements. Das A-6-Verhandlungskonzept hilft, Verhandlungen zu strukturieren und erfolgreich umzusetzen.

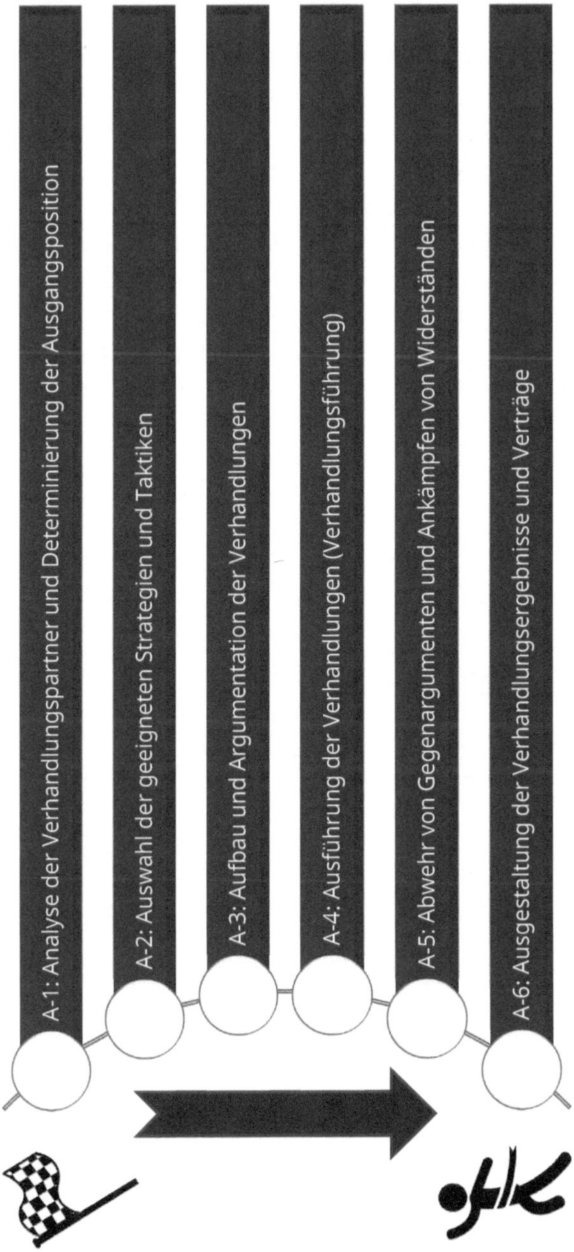

Bild 12.1 A-6-Verhandlungskonzept

12.2.1 Schritt A-1: Analyse der Verhandlungspartner und Determinierung der Ausgangsposition

Verhandlungsvorbereitung

Der erste Schritt jeder Verhandlung umfasst die detaillierte Analyse der Verhandlungspartner und Determinierung der Ausgangsposition. Diese Situationsanalyse ist der Ausgangspunkt jeder Verhandlung und muss vier signifikante Elemente umfassen. Neben der Analyse und Typisierung der Verhandlungspartner in Entscheider und Beeinflusser müssen die Motive und Interessen bewertet werden. Weiterhin sind der Verhandlungsumfang und die Zielkorridore der jeweiligen Parteien festzulegen. Die Analyse wirft unterschiedliche W-Fragen auf, die als Hilfestellung dienen und im Rahmen des ersten Schritts A-1 beantwortet werden müssen. Fragen, die zur Analyse gehören, sehen wie folgt aus:

- Wer ist mein Verhandlungspartner?
- Wer ist der Entscheider?
- Welchen interkulturellen Hintergrund hat mein Verhandlungspartner?
- Wer beeinflusst den Entscheider?
- Wer kann mir auf der Gegenseite behilflich sein?
- Was will ich verhandeln?
- Welche internationalen Besonderheiten gibt es?
- Welche Ziele habe ich?
- Welchen Zielkorridor habe ich?
- Welche Ziele hat mein Verhandlungspartner?
- Welche Strategien setzt mein Verhandlungspartner ein?
- Wann muss ein Verhandlungsergebnis oder Teilergebnis vorhanden sein?
- Wo verhandle ich?
- Wo will mein Verhandlungspartner verhandeln?
- Welche interkulturellen Falltüren oder Eigenheiten gibt es?

Persönlichkeitstypen

Ein zentraler Punkt in den Verhandlungsvorbereitung (A-1: Analyse der Verhandlungspartner und Determinierung der Ausgangsposition) ist die Bestimmung der Persönlichkeitstypen, wie in Tabelle 12.1 dargestellt.

Tabelle 12.1 Persönlichkeitstypen in Verhandlungen

Typ	Griechisch	Beschreibung	Empfehlung
Alpha	ἄλφα, Α, α	Entscheider	Richten Sie Ihre Verhandlungen auf den Entscheider aus.
Beta	βῆτα, Β, β	Einflussnehmer, Vertraute	Der Entscheider ist auf Influencer und Vertraute angewiesen. Influencer sind meist im Thema und haben Expertenwissen. Sie unterstützen den Entscheider. Involvieren Sie Vertraute mit Fach- und Detailfragen. Richten Sie daher auch ihre Verhandlungen auf diese Gruppe aus.
Gamma	Γάμμα, Γ, γ	Unterstützer	Schenken Sie nicht zu viel Aufmerksamkeit, aber seien Sie respektvoll, konzentrieren Sie sich auf die Teamfähigkeit. Unterstützer werden meist gebeten, Protokolle zu schreiben, Daten einzuholen oder Wissen bereitzustellen. Gammas könnten auch Influencer sein bzw. werden.
Omega	ὦ μέγα, Ω, ω	Bedenkenträger Kritiker	Konzentrieren Sie sich nicht speziell auf Omega, seien Sie höflich und respektvoll. Beobachten Sie den Omega, wenn es nützlich sein kann.
Delta	Δέλτα, Δ, δ	Wächter Wachhund	Finden Sie heraus, wer der Wachhund ist. Überzeugen Sie mit gegenseitigem Nutzen und Vorteilen von Deals und Transaktionen. Überzeugen Sie die Wächter mit den Vorteilen des Deals.
Kappa	Κάππα, Κ, κ	V-Mann, Doppelagent	Der V-Mann kann helfen, die andere Seite zu überzeugen. Muss der Gewinner sein.

In Verhandlungen können sechs Persönlichkeitstypen unterschieden werden. Diese Unterscheidung ist idealtypisch, das heißt in der Realität wird es diese Personen nicht geben, allerdings die entsprechenden Tendenzen lassen sich zumeist erkennen (Helmold, Dathe & Hummel 2021):

- **Alpha-Typ**

  Der Begriff „Alpha" stammt wie die anderen Begriffe ursprünglich aus der Evolutionswissenschaft. Die Alpha-Person in Verhandlungen ist der ultimative Entscheidungsträger in Verhandlungsgruppen und -parteien. Er bzw. sie ist sehr oft der Eigentümer, Prokurist, Abteilungsleiter oder der Budgetverantwortliche. Der Alpha wird als Anführer anerkannt. Führung kann aus formellen und informellen Gründen erfolgen (Schranner 2009). Ein Alpha kann männlich oder weiblich sein und zeigt Eigenschaften wie Dominanz, Durchsetzungsvermögen, Führungsqualitäten, Schutz, Mut, körperliche und geistige Stärke. Alpha-Menschen haben oft eine starke Persönlichkeit. Alpha-Merkmale sind in gewisser Weise inhärent. Die Verhandlungsempfehlung lautet, die Diskussion auf den Alpha und seine Unterstützer und Influencer (Betas) zu fokussieren. Das Alpha ist der formelle Entscheidungsträger und hat die Befugnis, Geschäfte und Vereinbarungen zu treffen.

In bestimmten Fällen werden informelle Alphas aufgrund von Charisma, Erfahrung, Wissen oder Reputation als Leader akzeptiert. Alphas müssen ihre Dominanz und Autorität offenlegen (Hofert 2015) und sind oft leicht an Verhalten, Sitzreihenfolge, Wiedererkennung in der Gruppe oder Statussymbolen zu erkennen. Der Alpha braucht die Betas als Unterstützer, daher behandelt das Alpha als Entscheidungsträger diese als Verbündeten überwiegend positiv. Der Alpha ist funktional meist der Manager oder Abteilungsleiter. Er könnte selbst die Macht übernehmen, wenn das Wohl der Gruppe oder die Zielerreichung gefährdet ist.

> In Verhandlungen müssen die Alphas und Betas innerhalb der Analysephase identifiziert werden. Die Identifizierung dieser beiden Gruppen hilft, den endgültigen Verhandlungserfolg zu erzielen. ■

Neben den beeinflussenden Personen (Beta) gibt es im Umfeld des Alphas Personen ohne große Bedeutung (Gamma). Diese Gruppe besteht normalerweise aus Mitarbeitern, die den Entscheidungsträger oder die Manager unterstützen. Diese Gruppe hat keine Macht, formell oder informell, und kann den Entscheider nicht wesentlich beeinflussen. Ein respektvoller Umgang mit Gamma-Menschen ist ratsam, sollte aber nicht allzu sehr beachtet werden, da sie keine Einflussnahme haben. Oft sind die Grenzen von Betas und Gammas nicht klar, so dass innerhalb der Situationsanalyse der Personentypologien eine eindeutige Identifikation erfolgen muss.

Gibt es eine persönliche Nähe (z. B. familiäre Bindung, gleiche Schule) zwischen Gammas oder Betas zum Alpha könnten diese einen höheren Einfluss auf den Entscheidungsträger ausüben.

- **Beta-Typ**

  Der Beta ist ein Experte oder Fachexperte und beeinflusst den Entscheider durch seine Expertise. Betas sind oft Beeinflusser der Entscheidungsträger auf Manager-, Aufsichts- oder Expertenebene. Ein Beta unterstützt den Gruppenleiter (Alpha) und hilft ihm, in seiner Position zu bleiben. Fachkundige Käufer oder Verkäufer sind oft Betas, da sie in der Regel nicht das endgültige Mandat zum Abschluss der Verhandlungen haben, sondern Einfluss auf den Entscheidungsträger. Üblicherweise haben Betas die endgültige Budgetverantwortung bzw. Entscheidungsmacht, sodass die Betas ihren Einfluss auf das Alpha geltend machen (Schranner 2009). In jeder Verhandlung gibt es mehrere Influencer, die im Rahmen der Situationsanalyse bewertet werden müssen.

- **Gamma-Typ**

  Gamma-Leute sind Teil der Gruppe, haben aber keinen großen Einfluss. Im A-6-Konzept sind Gammas Mitarbeiter. Dies sind Sachbearbeiter oder Verwaltungsmitarbeiter, die bei den Verhandlungen behilflich sein sollen, oft in Form von Protokollierungen oder Auskünften (Hofert 2015). Gamma-Leute lassen sich gerne von starken Betas oder Alphas leiten. Bei Verhandlungen kann es mehrere Gammas geben. Gammas sind in der Regel „einfache“ Sachbearbeiter oder Assistenten, die für Beta und Alpha arbeiten (Schranner 2009).

- **Omega-Typ**

  In jeder Gruppe gibt es Menschen, die Bedenken haben oder Risiken sehen. Menschen dieser Gruppe werden Omega genannt. Das Omega kann Widersacher sein und ist der Kritiker in der Gruppe (deutsch: Bedenkenträger). Omega-Menschen werden von der Gruppe oft informell durch Reputation, Erfahrung oder Wissen anerkannt. Omegas können potenzielle Konkurrenten des Alphas sein oder werden. Der Omega kann in der eigenen Verhandlung eine wichtige Rolle spielen, da er für die eigene Verhandlungsanalyse von Interesse sein kann. Omegas in der eigenen Gruppe sollten nicht an der Verhandlung teilnehmen. Omegas auf der anderen Verhandlungsseite sollten sorgfältig beobachtet werden, da sie helfen können, den Entscheidungsträger der anderen Seite zu beeinflussen.

- **Delta-Typ**

  Der Delta in Verhandlungen ist der sogenannte Wächter oder Kontrolleur (engl.: Watchdog) der Gruppe. Delta-Typen befinden sich in Abteilungen und Funktionen, die kontrollieren müssen, dass die Vereinbarungen innerhalb rechtlicher, finanzieller, ethischer und betrieblicher Grenzen liegen. Watchdogs bekleiden in der Regel Funktionen wie Finanzen, Controlling, Rechnungswesen, Compliance, Geschäftsethik oder Personalwesen. In Verhandlungen gilt es herauszufinden, wer der Watchdog ist und diesen mit Sachargumenten zu überzeugen. Der Delta schaut sich normalerweise die rationalen Fakten eines Deals im Detail an. In Verhandlungen sollte man faktenbasiert die Delta-Typen miteinbeziehen, damit sie ihre Zustimmung geben.

- **Kappa-Typ**

  Der Kappa (griechisch: Κατάσκοπος; Kataskopos = Spion; deutsch: V-Mann, Verbindungsmann) ist die Person, die der anderen Gruppe mit nützlichen Informationen und Unterstützung hilft. Er ist eine Art Doppelagent mit wertvollen Informationen und Daten. Ein Kappa muss auf der Seite des Verhandlungspartners aufgebaut werden. Eine gute und gegenseitige Beziehung ist zentral. Sehr gute Alphas oder Betas haben ein Netzwerk von Kappa-Leuten auf der anderen Verhandlungspartei installiert. Der Kappa oder der „V-Mann“ kann der eigenen Seite helfen, die anderen Influencer und Entscheider zu überzeugen. Es ist wichtig, das Kappa vor dem Entscheidungsträger zu bewerten. Der Kappa muss der Gewinner der Verhandlungen sein.

12.2.2 Schritt A-2: Auswahl geeigneter Strategien und Taktiken

Nach der Analyse von Verhandlungszielen, Motiven, Persönlichkeiten und interkulturellen Elementen in Schritt 1 (A-1) gilt es im zweiten Schritt (A-2), geeignete Strategien und Taktiken für die Verhandlungsdurchführung zu definieren.

Verhandlungsstrategien

Bild 12.2 zeigt die fünf möglichen Strategien in Verhandlungen. Mehrere Faktoren wie Zeit, Beziehungen, Verhandlungsmacht, Ziele, Rollen und Persönlichkeiten, Motive, Kultur oder das Umfeld können Strategien und Taktiken in Verhandlungen maßgeblich beeinflussen. Die Identifizierung von Motiven gehört zu den wichtigsten Schritten in der Vorbereitung. Im Gegensatz zum Harvard-Konzept empfiehlt das A-6-Verhandlungsmodell dem Verhandlungspartner keine Motive, Strategien, Taktiken oder Verhandlungsmacht offenzulegen. Somit ist es möglich, die Verhandlung flexibel und strategisch durchzuführen, um optimale Ergebnisse zu erzielen.

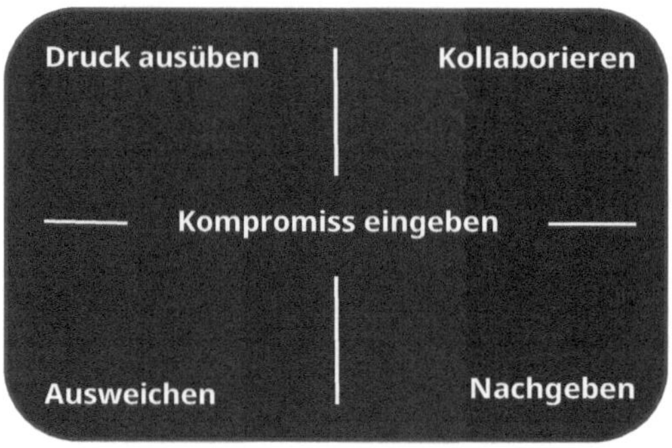

Bild 12.2
Verhandlungsstrategien

Strategien und Taktiken sollten sorgfältig vorbereitet und in den Verhandlungen eingesetzt werden, um erfolgreiche Verhandlungen zu führen (Helmold, Dathe & Hummel 2019). Verhandlungsstrategien werden laut diversen Autoren in fünf Kategorien unterteilt: Druck ausüben, Kollaboration, Ausweichen, Nachgeben und Kompromiss schließen (Schranner 2009). Jede Strategie hat eine Auswirkung auf die Verhandlungen, daher müssen Strategien systematisch und geplant eingesetzt werden. Strategien müssen ferner agil, flexibel und dynamisch angewandt werden:

- **Druck ausüben**

  Druck ausüben (kompetitive Verhandlungen; engl.: to pressurize) kann zum Ziel in Verhandlungen führen, wenn sichtbar ist, dass der Verhandlungspartner nur begrenzte Zeit oder limitierte Handlungsalternativen für sein Verhandlungsergebnis hat. Auch eigene zeitliche Grenzen (engl.: Deadline) können zu einer Strategie führen, die kompetitiv ist und Druck beinhaltet. Insbesondere Alpha-Menschen präferieren eine Strategie, in der sie gerne ihre Macht zeigen. Diese Macht wird häufig über Druck ausüben gezeigt.

  Druck beinhaltet in der Regel Gegendruck und sollte nur punktuell in Verhandlungen eingesetzt werden. Außerdem kann Druck nur dann effektiv eingesetzt werden, wenn man aus einer angemessenen Position der Macht heraus verhandelt.

  Im interkulturellen Kontext sollte eine gründliche Bewertung stattfinden, inwieweit kompetitiv verhandelt werden darf. Insbesondere in asiatischen Ländern wie der Volksrepublik China oder Japan kann zu viel Druck zu einem Gesichtsverlust der Gegenseite und damit zum sofortigen Abbruch der Verhandlungen führen (Helmold, Dathe & Hummel 2021). Druck sollte daher immer gut dosiert und weitsichtig in der strategischen Ausrichtung eingesetzt werden. Redewendungen für Druck ausüben sind beispielsweise:

  - „Ihr Angebot passt meinen Vorstellungen nicht, wir erwarten eine sofortige Korrektur!"
  - „Ihr Preis ist nicht gerechtfertigt, daher erwarte ich eine Reduktion von 10 Prozent!"
  - „Ich gebe Ihnen bis morgen um 8 Uhr Zeit, ansonsten werde ich den Auftrag anderweitig vergeben!"
  - „Entweder wir einigen uns auf Vorschlag A oder Vorschlag B, ansonsten werden wir leider zu keiner Einigung kommen."

- **Kollaboration**

  Kollaboration bedeutet eine Zusammenarbeit und Kooperation auf Vertrauensbasis. Kollaboration als Verhandlungsstrategie wird bei langjährigen Verhandlungspartnern empfohlen, denen man vertraut. Ein Verhandlungsergebnis, welches auf Vertrauen beider Parteien basiert, sollte immer angestrebt werden, bedarf aber einer Beziehung, die zuvor aufgebaut worden ist. In der Geschäftsanbahnung ist eine zu persönliche und kooperative Annäherung mit Vorsicht zu genießen. Kollaboration kann in der Praxis mit einem Rahmen- oder Langzeitvertrag umgesetzt werden, in denen Kooperationselemente klar geregelt sind. Beispiele für Redewendungen für kollaborative Strategien sind:

  - „Zur weiteren Festigung unserer Beziehung mache ich folgenden Vorschlag."
  - „Warum kooperieren wir nicht wie folgt?"

  - „Langfristig haben beiden Partner etwas davon, wenn wir in diesem Aspekt kooperieren."
  - „Eine Zusammenarbeit hat folgende Vorteile für beide Parteien."

- **Ausweichen**

  Das Ausweichen kann eine nützliche Variante innerhalb der Verhandlungsstrategien sein, wenn man in dem jeweiligen Teilgebiet nicht vollkommen vorbereitet ist oder keine Entscheidung treffen kann, da vielleicht noch Entscheider aus den eigenen Reihen konsultiert werden müssen. Ausweichen als Strategie kann auch eingesetzt werden, um den Verhandlungspartner unter Zeitdruck zu setzen und auf Zeit zu spielen. Gerade in multinationalen Konzernen stehen Einkäufer und Verkäufer meist unter einem zeitlichen Druck, ein Verhandlungsergebnis zu erzielen, der dazu führt, dass Ausweichen und auf Zeit spielen eine geeignete Strategie sein kann, wenn auf der Gegenseite klar ist, dass man ein Geschäft abschließen möchte.

  Im internationalen Kontext kann das Ausweichen auch Handlungen beinhalten, den Verhandlungspartner vom Verhandlungstisch wegzubringen, beispielsweise durch die Einladung zum Essen oder zu anderen Anlässen. Zeitdruck, ein Flugzeug, welches abfliegt, oder andere wichtige Termine sind meist Signale des Ausweichens. Redewendungen können wie folgt aussehen:

  - „Wollen wir das Thema bei der nächsten Verhandlung erörtern?"
  - „Warum diskutieren wir das nicht beim nächsten Mal?"
  - „Ich habe andere wichtige Termine."
  - „Das Thema können wir nicht erörtern, da ich unter Zeitdruck stehe."
  - „Ich würde das gerne zu einem anderen Zeitpunkt verhandeln, da ich mein Flugzeug/meine Bahn nicht verpassen möchte."

- **Nachgeben**

  Das Nachgeben muss geübt werden. Menschen, insbesondere die mit formaler oder informaler Macht, neigen dazu, nicht nachgeben zu wollen. Nachgeben und Zugeständnisse, also das Geben von Verhandlungsmasse und Verhandlungselementen an den Verhandlungspartner, muss vorab geübt werden. Insbesondere muss als Teil des Drehbuchs in der Verhandlungsstrategie klar definiert werden, welche Elemente an den Verhandlungspartner abgegeben werden können, um ein für sich besseres Ergebnis zu erzielen. Gerade bei internationalen Verhandlungen ist eine zentrale Erfolgsstrategie, dort Zugeständnisse zu machen, wo die größten Interessen der Verhandlungsgegenseite liegen. Ein Nachgeben sollte eine Gegenleistung beinhalten und Aussagen könnten folgendermaßen aussehen:

  - „Ich verstehe Ihre Argumentation und stimme Ihnen zu."

  - „Gerne stimme ich Ihrer Forderung zu, würde dafür aber folgende Gegenleistung erwarten."
  - „Ihr Vorschlag klingt gut, dagegen würde ich gerne folgenden Vorschlag machen."
  - „Ich komme Ihnen sehr gerne entgegen, erwarte aber ebenso Zugeständnisse bei folgenden Punkten."
- **Kompromiss schließen**

  Ein Kompromiss wird nur erfolgreich verhandelt werden können, wenn beide Verhandlungspartner sich kennen und sich fair verhalten. Vor allem bei langjährigen Verhandlungspartnern ist diese Strategie wirksam und beide Seiten werden auf eine einvernehmliche Lösung zuarbeiten, um die Beziehung nicht zu gefährden. Dagegen sollte man bei neuen Verhandlungspartnern die Strategien der Gegenseite genau beobachten und situativ verhandeln. Bei Kompromissen ist das Gesetz der Gegenseitigkeit, die Reziprozität, von zentraler Bedeutung. Hierfür bieten sich folgende Aussagen an:
  - „Zur weiteren Kooperation schlage ich folgenden Kompromiss vor!"
  - „Folgende gemeinsame Vorteile hat das Verhandlungsergebnis für uns!"
  - „Zur weiteren Festigung unserer Beziehung mache ich folgenden Vorschlag: XXX."

Verhandlungstaktiken

Wer in Verhandlungen seine Ziele erreichen will, sollte sich nicht allein auf seine Erfahrung und Argumente verlassen. Neben der richtigen Strategie sind Taktiken in der Verhandlung von zentraler Bedeutung. Taktiken sind operative Maßnahmen, um die zuvor selektierten Verhandlungsstrategie erfolgreich umzusetzen. Nützliche Taktiken sind in Tabelle 12.2 dargestellt.

Tabelle 12.2 Verhandlungstaktiken

Verhandlungstaktik	Beschreibung
Böser Polizist, guter Polizist	Der gute und der böse Ein- oder Verkäufer
Festsetzung einer Frist	Setzen einer „Deadline"
Spiegeln des Verhandlungspartners	Empathie zeigen
Berufung auf eine höhere Instanz	Mein Vorgesetzter sagt, dass ...
Sitzordnung gezielt einsetzen	Irritationen der Gegenseite
Aufzeigen von Visionen	Appell an die Beziehung und Langfristigkeit
Umarmungen und Schmeicheleien	Geschenke und Komplimente
Auf Zeit spielen	Taktik der kleinen Schritte

Böser Polizist, guter Polizist

Die Taktik „böser Polizist, guter Polizist“ kommt ursprünglich aus dem Polizeiverhör aus den Vereinigten Staaten von Amerika (Schranner 2009). Die aus dem FBI (Bundespolizei: Federal Bureau of Investigation) stammende Taktik hat einen oder mehrere gute und einen oder mehrere böse Polizisten, die auf den Verhandlungspartner zugehen. Der „böse Polizist“ sorgt mit meist zu hoch geschraubten Forderungen, offenen sowie beabsichtigten direkten Attacken und Forderungen den Verhandlungspartner einzuschüchtern oder zu verunsichern. In manchen Fällen spricht der böse Polizist auch Drohungen oder Warnungen aus. Ziel des bösen Polizisten ist den Verhandlungspartner unter Stress zu setzen. Dies ist die Ausgangssituation für den guten Polizisten, der nun verständnisvoll, unterstützend und kooperativ auf den Verhandlungspartner zugeht, um eine emotionale Verbindung aufzubauen. Durch das Anbieten von vermeintlichen Zugeständnissen, die aber vorher mit dem bösen Polizisten abgesprochen worden sind, versucht der gute Polizist nun, den Verhandlungspartner zu einem Verhandlungsergebnis zu überzeugen, welches dem eigenen Zielkorridor entspricht.

Oft wird gegenüber dem Verhandlungspartner in informellen Treffen Verständnis gezeigt und es werden Zugeständnisse gemacht, die eigentlich keine sind. Durch den Wechsel von Provokation, Druck, Verständnis und Einfühlung soll der Verhandlungspartner dazu gebracht werden, auf bestimmte Verhandlungspositionen einzugehen und selber Zugeständnisse zu machen. Der „böse Polizist“ versetzt den Verhandlungspartner in einen emotional aufgewühlten Zustand, der „gute Polizist“ verkauft ihm die Zugeständnisse als Ausweg aus einer bedrohlichen Situation.

Die Technik kann von geschulten Personen rasch erkannt werden, sodass diese Taktik mit Vorsicht zu genießen ist. Auf der anderen Seite kann diese Technik aus einer Verhandlungsposition eingesetzt werden, die auf Macht setzt. So kann ein Einkaufsleiter der böse Polizist sein, der den Lieferanten unter Stress setzt, in dem er sehr hohe oder überhöhte Forderungen stellt. Parallel suggeriert er dem Lieferanten, dass es mehrere Handlungsalternativen gibt. Als guter Polizist eignet sich nun der Einkäufer, der regelmäßig mit dem Lieferanten in Kontakt steht und im Rahmen seiner Beziehung Verständnis für die Sorgen und Nöte des Lieferanten zeigt. Meist erringt man so ein Zugeständnis des Verkäufers, welches im Zielkorridor liegt (vorab zwischen dem bösen Polizisten, dem vorgesetzten Einkaufsleiter, und dem guten Polizisten, dem Einkäufer, abgesprochen).

Festsetzen einer Frist

Manager, die unter Zeitdruck verhandeln, sind meist Stress ausgesetzt und werden Zugeständnisse machen. In einem realen Fall in China ist der Vize-Präsident der Einkaufsabteilung eines multinationalen Konzerns in Peking auf seinen chinesischen Verhandlungspartner getroffen. Es war klar, dass der Einkaufsleiter nach drei Tagen abreisen würde und auf ein rasches Ergebnis der Verhandlungen drängte. Der chinesische Lieferant hatte sich davon jedoch nicht beeindrucken lassen. Bei Ankunft hatte der Lieferant den Vize-Präsidenten als Kunden standesgemäß zum Essen eingeladen, um ihn danach lokale Sehenswürdigkeiten zu zeigen. Auch der nächste und übernächste Tag waren vollgepackt mit Aktivitäten wie Betriebsbesichtigungen, Karaoke-Veranstaltungen, gemeinsames Abendessen oder Theaterveranstaltungen, sodass sich die eigentlichen Verhandlungen auf den Abreisetag konzentrierten und den Einkaufsleiter unter zeitlichen Druck setzten. In diesem Fall kannte der Lieferant die zeitliche Frist des Kunden und konnte ihm auf diese Weise Zugeständnisse abringen.

Zeitliche Bestimmungen und Fristen können erfolgreiche Techniken in Verhandlungen sein, da sie den Verhandlungspartner meist unter Stress und Druck setzen. Fristen müssen überzeugend, kurz und direkt kommuniziert werden, damit der Verhandlungspartner reagiert. Zeitliche Bestimmungen sollten nicht zu oft eingesetzt werden, da diese sonst ihre Wirkung verlieren. Oft sind Fristen in Verhandlungen mit dem direkten Erfolg oder Misserfolg verbunden, wenn ein Ultimatum damit verbunden ist (engl.: Take it or leave it).

Spiegeln des Verhandlungspartners

Das Spiegeln (engl.: Mirroring) ist eine leichte, aber wirksame Technik bei Verhandlungen und bei Konflikten. Das Spiegeln ist die Nachahmung und das Folgen der Sprache oder der Mimik des Verhandlungspartners. Das Spiegeln ist eng mit dem aktiven Zuhören verbunden und ist eine besondere Technik der Verhandlungstechnik. Spiegeln darf nicht bei emotional oder aggressiv auftretenden Verhandlungspartnern durchgeführt werden, da Konflikte hier eskalieren würden.

In Verhandlungen kann körpersprachlich und inhaltlich gespiegelt werden (Gramm 2015). Körpersprachliches Spiegeln ist die Anwendung der gleichen oder von ähnlichen Gesten und Verhaltensmustern. Schlägt mein Verhandlungspartner die Arme übereinander, tue ich das Gleiche; Öffnet er seine Arme, so wird auch diese Körperhaltung gespiegelt und nachgeahmt. Auch über die Sprache kann ich jemanden spiegeln, über die Geschwindigkeit und die Stimmhöhe, aber auch über den Inhalt, indem ich die Sätze meines Verhandlungspartners wiederhole und dann auf meine Forderungen eingehe. In einem Unternehmen wird man verschiedene Sprachniveaus und Kommunikationsstile vorfinden, je nachdem, ob es sich beispielsweise um ein Meeting der Geschäftsführung oder um ein Gespräch in der Kantine handelt. Der ehemalige Porsche-Chef Wiedeking war ein Meister darin, sich zwischen den Welten zu bewegen. Nach einer Vorstandssitzung legte er Jackett und Krawatte ab, krempelte die Hemdsärmel hoch und begab sich in die Produktion, wo er sich auf eine lockere, bodenständige Art mit den Männern dort unterhielt. Die Arbeiter freuten sich über die gefühlte Augenhöhe ihres Bosses und dachten bei sich: „Mit dem kann man reden". Wiedeking schaffte es, auf höchstem Wirtschaftsniveau zu kommunizieren und dabei den Draht zur Basis zu behalten (Gramm 2015).

Durch das Spiegeln fühlt sich der Verhandlungspartner im Gespräch wohl und sieht uns im harmonischen Einklang, dann verändere ich mein Verhalten. Wenn er mir jetzt folgt, fühlt er sich wohl und wir sind im Gleichklang. Der Verhandlungspartner ist nun offen für uns.

Berufung auf eine höhere Instanz

Die Taktik „Berufung auf eine höhere Instanz“ wird dadurch gekennzeichnet, dass man sich in Verhandlungen auf eine höhere Stelle beruft, beispielweise auf die Geschäftsführung oder den Vorgesetzten. In dieser Taktik werden Maximalforderungen unter Annahme, dass diese von der höheren Instanz gefordert werden, in Richtung des Verhandlungsgegners ausgesprochen. In den meisten Fällen wird der Verhandlungsgegner auf meine Forderungen eingehen, da er nicht mit dem Vorgesetzten oder der Geschäftsführung direkt verhandeln möchte. Ferner wird die Gegenseite nicht die Unternehmensziele in Frage stellen, die von der Geschäftsführung gefordert werden.

Sitzordnung gezielt einsetzen

Einen wichtigen Einfluss auf Klima und Ablauf der Verhandlung hat die Sitzordnung der Verhandlungsteilnehmer. Die Möglichkeiten der symmetrischen, asymmetrischen oder chaotischen Sitzordnung beinhalten eine geeignete Taktik bei Verhandlungen. Die Sitzordnung unterliegt im mitteleuropäischen oder westlich geprägten Kulturraum häufig bestimmten Stereotypen. Meist orientiert sich diese an zwei Grundmustern: beide Seiten sitzen sich frontal gegenüber und die Entscheider positionieren sich jeweils in der Mitte. Diese Positionierung wird in Verhandlungsschulen grundsätzlich als Optimum vermittelt. Wenn beide Seiten sich gegenübersetzen, betont das die jeweiligen Fronten und die wichtigsten Mitstreiter sitzen rechts oder links vom Verhandlungsführer.

Eine Empfehlung, die insbesondere in Asien angewandt wird, ist das System aufzubrechen und den Entscheider gegebenenfalls außen sitzen lassen und das temporär und dynamisch. So kann der Entscheider in Ruhe und von der Tribüne aus die Lage sondieren und Rückmeldungen aus dem Team erhalten. Ferner kann er so Stimmungen der Gegenseite einschätzen und Widerstände gezielt aufbrechen. Wird erkannt, dass der Entscheider die Sitzordnung entgegen der stereotypischen Struktur eingenommen hat, kann dies auch zu Irritationen und Stress auf der Verhandlungsgegenseite führen. Dies kann so ausgenutzt werden, um Zugeständnisse zu erreichen. Auch ist es denkbar, einen Platz für die wichtigsten Entscheider gezielt frei zu lassen, um bei Eskalationen diesen zu konsultieren.

Aufzeigen von Visionen

Auch gemeinsame Visionen verstehen sich als elementare Taktik in Verhandlungen. Aus Praxissicht ist eine langfristige Beziehung und Partnerschaft in den häufigsten Geschäftsverbindungen sinnvoll, da sich Projekte meist über einen längeren Zeitraum hinziehen und mit Folgeaufträgen verbunden werden können. Insbesondere dort, wo die Substitution von Lieferanten oder Kunden langwierig und mit hohen Kosten verbunden ist, sollten Verhandlungen auf eine langfristige Bindung und Partnerschaft zielen. Absichtserklärungen oder längerfristige Rahmenverträge können hier als ideales Werkzeug eingesetzt werden, auch ohne eine unendliche Bindung und vollkommene Abhängigkeit des Verhandlungspartners.

Umarmungen und Schmeicheleien

Um uns als Gegenpartei der Verhandlungen wohlwollender zu stimmen, wird von der anderen Verhandlungspartei eine Taktik angewandt, die als Umarmungen und Schmeicheleien bezeichnet wird (N. N. 2014). Diese Taktik dient dazu, die Gegenseite sympathisch erscheinen zu lassen. Umarmungen und Schmeicheleien können verbal und physisch angewandt werden. Werden wir als Verhandlungspartner als „kompetent, professionell und erfahren" gelobt, so spricht man von einer verbalen Umarmung, wogegen physische Umarmungen mit Geschenken oder Gefälligkeiten verbunden werden.

Auf Zeit spielen

Eine gern in asiatischen und arabischen Ländern vollzogene Taktik ist die Verhandlung in kleinen Schritten und der Annäherung. In der Praxis kann das soweit gehen, dass von der Anbahnung bis zum Geschäftsabschluss mehrere Jahre vergehen können. Diese Taktik bietet sich bei großen Verhandlungspaketen an, die durch Teilergebnisse sequentiell abgearbeitet werden. Außerdem empfiehlt sich diese Strategie, um beispielsweise Konkurrenten aus asiatischen Ländern von bestehenden Lieferanten als sogenannte Benchmarks zu verwenden und auf diesem Weg durch kleine Auftragspakete einen neuen Konkurrenten in die Liste der strategischen Lieferanten mit aufzunehmen. Mit kleinen Zugeständnissen kann der Vertragspartner weiter bei der Stange gehalten werden.

12.2.3 Schritt A-3: Aufbau und Argumentation der Verhandlungen

Der Aufbau der Verhandlungsargumentation und die Definition einer Argumentationsstrategie stellen den dritten Schritt (A-3) des Verhandlungsmodells dar. Wichtige Argumente für die Verhandlungsführung und Durchsetzung der eigenen Ziele sollten proaktiv identifiziert und festgelegt werden. Das Verhandlungsmanuskript (Bild 12.3) hilft hierfür die wichtigsten Argumente und Gegenargumente der Verhandlungsgegenseite festzustellen und zu notieren.

Verhandlungsmanuskript

1. Schlüsselwort für die Verhandlung:

____

2. Analyse der Verhandlungspartner
(Verhandlungspartner und Rollen)

____
____
____
____

3. Strategien und Taktiken
(mögliche Strategien und Taktiken)

____
____
____
____

4. Minimum- und Maximumziele

Qualität: ___________________________________
Kosten: ____________________________________
Lieferleistung: ______________________________
Alpha-Ziele: ________________________________

Ziele (Kategorien):	Maximum:	Minimum:
Argumentation:	**Verhandlungspartner:**	**Meine Reaktion:**

5. Weitere Aspekte

Bild 12.3 Verhandlungsmanuskript

Das Verhandlungsmanuskript steht zum Download zur Verfügung.

12.2.4 Schritt A-4: Ausführung der Verhandlungen (Verhandlungsführung)

Phasen der Verhandlungsführung

Verhandlungen müssen systematisch geplant und anhand einer gut vorbereiteten Agenda ausgeführt werden (Obrien 2016) und gliedert sich in sechs Teilphasen (Tabelle 12.3).

Tabelle 12.3 Phasen der Verhandlungsführung

Phase	Beschreibung
1.	Verhandlungsvorbereitung
2.	Raumauslegung und Sitzordnung
3.	Begrüßung und Einleitung
4.	Haupt- und Kernverhandlung
5.	Ende und Zusammenfassung
6.	Verabschiedung und Auseinandergehen

In der ersten Phase, der Verhandlungsvorbereitung, müssen Agenda, Problembeschreibung, Hintergründe, Daten, Infos, Präzedenzfälle, Rechtslage, Statistiken, Vorverhandlung, Informationen über Verhandlungspartner, Tabuthemen, positive Vorerfahrungen, Animositäten und die eigenen Interessen, Ziele und Motive intern abgestimmt werden (Obrien 2016). Ziel dieser Phase ist eine gründliche Vorbereitung, die Abstimmung mit allen Abteilungen und Interessengruppen (Stakeholder) sowie die Harmonisierung von Zielen und Forderungen innerhalb der eigenen Verhandlungsseite. Neben den Verhandlungspunkten müssen die Rollen verteilt werden, z. B. Verhandlungsführer, Moderator, Einsatz von externen Beratern, Beobachter und Protokollführer. Es empfiehlt sich auch über Taktiken und Strategien zu sprechen, beispielsweise die Zuteilung von Rollen wie „guter und böser Polizist".

Phase 2 umfasst die Auslegung des Verhandlungsraums sowie die Sitzordnung. In westlich geprägten Ländern wird der Auswahl des Besprechungsraums sowie dem Ort weniger Beachtung geschenkt als in asiatischen oder arabischen Ländern. Neben der eigenen Sitzordnung kann man taktisch auch die Sitzordnung der Gegenseite beeinflussen, indem man versucht, Beeinflusser auf der anderen Seite zu platzieren.

Im nächsten Schritt, der Phase 3, steht die Begrüßung im Mittelpunkt. Insbesondere im internationalen Umfeld kann diese Phase mehrere Minuten dauern. Alle Beteiligten sollten Visitenkarten in Griffnähe haben, um sich vorzustellen. Insbesondere in stark hierarchisch ausgeprägten Ländern ist die Beachtung von Position und Status ein wichtiges Element bei der Vorstellung.

In Phase 4 findet die eigentliche Hauptverhandlung statt. Dieser Teil sollte durch eine Agenda klar strukturiert sein und systematisch ablaufen.

Nach Diskussion aller Verhandlungspunkte sollten die Ergebnisse und Vereinbarungen in Phase 5 zusammengefasst werden. Das Protokoll sollte von beiden Parteien unterzeichnet werden und auch Differenzen erwähnen.

Als letzte und sechste Phase ist das Auseinandergehen wichtig. So kann es beispielsweise in asiatischen Ländern sein, dass die Verhandlungsgegenseite solange außerhalb des Gebäudes steht und sich winkend verabschiedet, bis man außer Sicht ist.

Allgemeine Regeln für erfolgreiche Verhandlungen

Für die eigentliche Verhandlung gibt es zahlreiche Hinweise zu Verhandlungsregeln von verschiedenen Autoren (Obrien 2016; Schranner 2009). Das 6-A-Konzept empfiehlt folgende Verhaltensregeln für die Verhandlung, die sich in der Praxis bewährt haben (Helmold, Dathe & Hummel 2021):

- Fokussieren Sie Ihre Argumentation auf einen Zielkorridor und nicht ein statisches Ziel.
- Zollen Sie der Verhandlungsgegenseite Respekt.
- Achten Sie in allen Verhandlungsphasen auf interkulturelle Aspekte.
- Zeigen Sie Aufmerksamkeit gegenüber der Verhandlungsgegenseite.
- Hören Sie aktiv zu und identifizieren Sie die Motive des Verhandlungspartners.
- Sprechen Sie überzeugend Ihre Argumente aus.
- Überzeugen Sie mit leicht emotionaler Sprache.
- Lassen Sie den Verhandlungspartner zuerst sprechen, erwidern Sie erst dann.
- Wenn Sie nichts zu sagen haben, reden sie nicht.
- Antworten Sie nicht sofort auf Aussagen des Verhandlungsgegners.
- Nennen Sie Ihr stärkstes Argument zuerst.
- Versuchen Sie, die Sprache Ihres Verhandlungspartners zu verstehen und zu sprechen.
- Priorisieren Sie Ihre Argumente.
- Betrachten Sie die Argumente auch aus dem Blickwinkel der Gegenseite.
- Heben Sie die Wichtigkeit Ihrer Argumente hervor, nicht die Richtigkeit.
- Entkräften Sie die Argumente der Gegenseite.
- Konzentrieren Sie sich auf Schwachstellen in der Argumentation der Verhandlungsseite.

- Konzentrieren Sie sich auf das schwächste Argument des Verhandlungspartners.
- Machen Sie nur dort Zugeständnisse, wo es von Nutzen ist.
- Fordern Sie Gegenleistungen bei Zugeständnissen.

Einen wichtigen Einfluss auf das Klima von Verhandlungen hat die Raumauslegung und die Sitzordnung. Die Gestaltung des Raums (engl.: Room Layout) sowie die äußeren Rahmenbedingungen wie Sitzordnung, Anordnung der Stühle, Lichtverhältnisse, klimatische Bedingungen, Getränke oder keine Getränke, Bewirtung oder keine Bewirtung, können die Verhandlungen nachhaltig negativ oder positiv beeinflussen (Obrien 2016). Durch geeignete Raumgröße, klimatische Bedingungen, Lichtverhältnisse, Getränke oder Snacks kann man eine positive Grundeinstellung schaffen und dem Verhandlungspartner zeigen, dass man gute Beziehungen und eine harmonische Atmosphäre haben möchte. Umgekehrt kann man durch sogenannte dreckige Tricks (engl.: Dirty Tricks) einen zu kleinen, zu kühlen oder zu heißen Raum ein unbehagliches Klima schaffen. Der Verhandlungspartner fühlt sich unwohl und wünscht sich nichts sehnlicher als den Verhandlungsort zu verlassen. Dies lässt ihn unüberlegte Zugeständnisse machen.

12.2.5 Schritt A-5: Abwehr von Gegenargumenten und Ankämpfen von Widerständen

Widerstand in Verhandlungen wird definiert als die Ablehnung, das oppositionelle Handeln oder Widersetzen von Verhandlungspunkten durch die Verhandlungsgegner. Widerstand entsteht meist aus gegensätzlichen Meinungen, Positionen und Motiven (Schranner 2015). Er zeichnet sich bei Verhandlungen dadurch aus, dass er von Verhandlungsgegnern bewusst oder unbewusst ausgeübt wird. Widerstand trifft in Verhandlungen in den unterschiedlichsten Ausprägungen verbal oder nonverbal auf, was in den meisten Fällen den handelnden Personen nicht bewusst ist. In Verhandlungen wird Widerstand durch Sprache (verbal) oder durch Gestik bzw. Mimik (nonverbal, d. h. Verhalten oder Gesichtsausdruck) ausgedrückt. Entscheidend in diesem Kontext ist das Erkennen von Ablehnungen oder konträren Positionen durch den Verhandlungsgegner und die Identifikation von Motiven und Gründen, um den Widerstand zu entkräften oder zu brechen. Gründe für Widerstände sind vielfältig (Berner 2016):

- Ängste der Verhandlungsgegenseite, wenn Vorschläge als bedrohlich angesehen werden
- Fehlende Mandate oder Restriktionen in einzelnen Verhandlungspositionen
- Widerstände durch Interessengruppen der Verhandlungsgegenseite

- Eigeninteressen der Verhandlungsgegenseite
- Taktische Erwägungen der Gegenseite, wenn andere Punkte dadurch gewonnen werden sollen
- Rache oder Vergeltung, wenn Verhandlungsgegner Plänen durchkreuzen wollen
- Offene Rechnungen durch frühere Verhandlungen
- Frühere Erfahrungen oder Erfahrungen aus anderen Verhandlungen

Widerstand muss in Verhandlungen erkannt werden, ebenso ist es von zentraler Bedeutung, die Motive des Widerstands zu hinterfragen. Bei offenem und rationalem Widerstand können Gegenargumente und die Neuformulierung der eigenen Ziele dazu führen, den Widerstand zu entkräften und ein Verhandlungsergebnis zu erzielen. Bei Fragen, die in den Verhandlungen keine Schlüsselrolle spielen, kann man den Widerstand auch ignorieren und auf die Forderungen des Verhandlungsgegners eingehen oder diese zu einem späteren Zeitpunkt angehen. Ist der Widerstand nicht auflösbar, und das in zentralen Punkten der Verhandlungen, so wird es voraussichtlich keinen Verhandlungserfolg geben. Widerstand kann durch Warnungen und andere Taktiken gebrochen werden. Warnungen sind faktenbasierte Signale für ein mögliches Scheitern der Verhandlungen und den Abbruch der Verhandlungsaktivitäten. Widerstand und Gegenargumente der Verhandlungspartner sollten durch objektive Fakten entkräftet werden, um so die Gegenseite von dem Deal zu überzeugen.

12.2.6 Schritt A-6: Ausgestaltung der Verhandlungsergebnisse und Achtung der Vereinbarungen

Aufgrund der zunehmenden Internationalität von Handelsgeschäften durch Absatz oder Beschaffung gewinnt auch der internationale Rechtsverkehr an Bedeutung. Das internationale Rechtsgeschäft hat einige Besonderheiten, welche bei der Ratifizierung von Verträgen berücksichtigt werden müssen. Folgende Punkte sollte bei internationalen Verhandlungen und Vereinbarungen berücksichtigt werden:

- Rechtswahl, UN-Kaufrecht im internationalen Lieferantenmanagement
- Erfüllungsort, Gefahrenübergang und Incoterms 2020
- Gewährleistung, Garantien
- Zinsen, Verzugszinsen
- Zahlungsverkehr, Währung und Wahl der Bank
- Gerichtsstand

Rechtswahl, UN-Kaufrecht bei internationalen Geschäften

Im Falle von internationalen Kaufverträgen stellt sich bei gewerblichen Verkäufen immer auch die Frage nach der Anwendbarkeit des UN-Kaufrechts, das auch als Wiener Kaufrecht bezeichnet wird und auf der „United Nations Convention on Contracts for the International Sale of Goods“ vom 11. April 1980 (CISG) basiert (IHK Berlin 2018). Der räumliche Anwendungsbereich des UN-Kaufrechts ist gemäß Art. 1 CISG eröffnet, wenn ein Kaufvertrag zwischen Vertragsparteien geschlossen wird, die ihre Niederlassungen in unterschiedlichen Staaten haben, die jeweils Vertragsstaaten des CISG sind oder deren internationales Privatrecht das CISG für anwendbar erklärt. Unbeachtlich ist dabei die Staatsangehörigkeit der Vertragspartner, die Frage der Kaufmannseigenschaft oder ob der Vertrag handelsrechtlicher oder bürgerlich-rechtlicher Art ist. Zudem können die Vertragsparteien die Anwendbarkeit des CISG vertraglich vereinbaren.

In sachlicher Hinsicht findet das UN-Kaufrecht Anwendung, wenn Gegenstand des Vertrags der Kauf von Waren ist. Waren im Sinne des UN-Kaufrechts sind lediglich bewegliche Sachen. Kaufverträge über Grundstücke und Rechte werden daher nicht vom UN-Kaufrecht erfasst. Zudem findet das UN-Kaufrecht gemäß Art. 2 CISG keine Anwendung auf Kaufverträge über Wertpapiere und Zahlungsmittel, Wasser- und Luftfahrzeuge sowie bei Versteigerungen, Zwangsvollstreckungs- und anderen gerichtlichen Maßnahmen. Des Weiteren bleibt das UN-Kaufrecht bei grenzüberschreitenden Verträgen über den Kauf von Waren für den persönlichen Gebrauch unangewendet. Keine Anwendung findet das UN-Kaufrecht schließlich auf Verträge, bei denen nicht die entgeltliche Übertragung von Besitz und Eigentum einer Sache im Vordergrund steht, sondern vielmehr die Ausführung von Arbeiten oder anderen Dienstleistungen. Ein Beispiel hierfür ist das Erstellen eines Gutachtens, das zwar möglicherweise am Ende in Schriftform übergeben wird, bei dem tatsächlich aber die geistige Leistung im Vordergrund steht. Das UN-Kaufrecht regelt die rechtlichen Aspekte eines Kaufvertrags nicht umfassend. Es enthält beispielsweise keine Vorschriften über die Verjährung von Ansprüchen und über die Produzentenhaftung. In diesen Bereichen bleibt daher das jeweils anwendbare innerstaatliche Recht maßgeblich (IHK Berlin 2018).

Erfüllungsort, Incoterms 2020

Die Internationale Handelskammer (ICC) in Paris gibt seit dem Jahr 1936 „Internationale Regeln für die Auslegung der handelsüblichen Vertragsformeln“ heraus, die als Incoterms (International Commercial Terms) bekannt sind. Seit dieser Zeit sind die Incoterms immer wieder an die sich ändernden Handelsbräuche angepasst worden, zuletzt in 2020. Bei den Incoterms handelt es sich um weltweit anerkannte, einheitliche Vertrags- und Lieferbedingungen, die den Parteien eines Kaufvertrags eine standardisierte Abwicklung im internationalen, aber auch nationalen Handelsgeschäft ermöglichen. Die Incoterms haben die Aufgabe, die Kostenverteilung, die Risikoverteilung und die Sorgfaltspflichten zwischen den Vertragspartnern festzulegen. Die Bedeutung der Incoterms-Regeln liegt dabei in der durch ihre Verwendung gewonnenen Klarheit der gegenseitigen Verpflichtungen (IHK Berlin 2018). Denn mithilfe der Incoterms kann Missverständnissen und kostenintensiven Streitigkeiten vorgebeugt werden und damit das Risiko rechtlicher Komplikationen für beide Vertragsparteien vermindert werden. Rechtsprobleme wie beispielsweise der Vertragsabschluss, die Eigentumsübertragung, die Zahlungsabwicklung oder die Rechtsfolgen von Vertragsbrüchen werden hingegen nicht geregelt. Maßgeblich hierfür sind die kaufvertraglichen Bestimmungen oder das dem Vertrag zugrunde liegende Recht. Tabelle 12.4 gibt einen Kurzüberblick der wichtigsten Incoterms 2020.

Tabelle 12.4 Die wichtigsten Incoterms 2020 (IHK Region Stuttgart 2021)

EXW	Ex Works/Ab Werk
FCA	Free Carrier/Frei Frachtführer
FAS	Free Alongside Ship/Frei Längsseite Schiff
FOB	Free On Board/Frei an Bord
CFR	Cost and Freight/Kosten und Fracht
CIF	Cost, Insurance and Freight/Kosten, Versicherung und Fracht
CPT	Carriage Paid To/Frachtfrei
CIP	Carriage, Insurance Paid To/Frachtfrei versichert
DAP	Delivered At Place/Geliefert benannter Ort
DAT	Delivered At Terminal/Geliefert Terminal
DDP	Delivered Duty Paid/Geliefert verzollt

Garantie und Gewährleistung

International kann es unterschiedliche Gewährleistungsperioden geben, die vom deutschen Gewährleistungsrecht abweichen. Gewährleistungsansprüche und Garantiezeiten sollten daher im Rahmen der Verhandlungen besprochen und vereinbart werden. Insbesondere sind hier Wiederbeschaffungszeiten, Ersatzlieferungen, Ausbesserungen oder Reparaturen mit zu berücksichtigen. Wenn man sich an gesetzliche Ansprüche halten möchte, können in internationalen Verträgen Klauseln darauf hinweisen, welches Länderrecht gilt (AHK 2018).

Fälligkeits- und Verzugszinsen

Fälligkeits- und Verzugszinsen für mögliche Geldforderungen sollten zur Sicherheit der Höhe nach definiert werden, um bei möglicherweise langwierigen Gerichtsverfahren den Schaden und zeitlichen Verzug zu berücksichtigen.

Währung und Zahlungsverkehr

Die Bestimmung der Währung und die Sicherstellung von Zahlungseingängen stellen im internationalen Warenverkehr eine zentrale Fragestellung dar (AHK 2018). Alleine mit den Vereinigten Staaten setzte Deutschland 2017 mehr als 160 Mrd. EUR um. Daneben finden sich andere Länder wie China, Großbritannien oder Schweiz unter den stärksten Handelspartnern in der Außenhandelsbilanz wieder (AHK 2018). Selbst mit der wesentlich kleineren Schweiz belief sich der Außenhandelsumsatz (Importe und Exporte) auf mehr als 94 Mrd. EUR. Rund ein Viertel aller Forderungen und Verbindlichkeiten deutscher Unternehmen gegenüber ausländischen Geschäftspartnern lautet dementsprechend auf eine Fremdwährung, zeigt die Zahlungsbilanzstatistik der Deutschen Bundesbank (Deutsche Bank 2018). International gelten im Zahlungsverkehr andere Regeln. Das gilt insbesondere für Transaktionen außerhalb der Eurozone. Dank des einheitlichen Euro-Zahlungsverkehrsraums, genannt SEPA, sind Geldtransfers zwischen verschiedenen europäischen Ländern inzwischen zwar unkompliziert und kostengünstig. Sobald allerdings Aufträge oder Rechnungen in einer anderen Währung gestellt werden, müssen sich Unternehmer zum einen gegen entsprechende Wechselkursrisiken absichern. Zum anderen können unterschiedliche Zahlungsgepflogenheiten (wie beispielsweise Zahlungen von Euro oder US-Dollar in regulierten Märkten nach Asien und Lateinamerika), intransparente Gebühren, strenge Meldepflichten oder gesetzliche Beschränkungen im Devisenverkehr das Auslandsgeschäft erheblich behindern. So drohen Umsatzausfälle, verärgerte Kunden oder gar Vertragsstrafen, wenn sich eine Warenlieferung aufgrund von Zahlungsproblemen verspätet. Auch umgekehrt kann es zu Liquiditätsnachteilen, unvorhergesehenen Zusatzkosten oder entgangenen Umsatzchancen führen, wenn ausländische Auftraggeber keine Möglichkeit haben, erbrachte Lieferungen und Leistungen schnell, sicher und kostengünstig zu bezahlen (Deutsche Bank 2018).

Gerichtsstand und Schiedsgerichte

In den meisten Fällen wird es bei internationalen Rechtsgeschäften eines der beiden Länder als Gerichtsstand zu vereinbaren. Vor allem bei Verträgen mit größerem Lieferumfang und dementsprechend höheren Vertragssummen empfiehlt sich eine Schiedsgerichtsklausel in Verträgen. Bei der Vereinbarung eines Schiedsgerichts würde sich ein nationales Gericht, welches trotz der Schiedsgerichtsklausel von einer Vertragspartei angerufen wird, für unzuständig erklären (IHK Schleswig-Holstein 2018). Schiedsurteile sind oft leichter vollstreckbar und meist schneller, da es keinen Zug durch die Instanzen gibt. Schiedsgerichte sind oft sachgerechter, da die Schiedsrichter eher Fachleute sind. Schiedsgerichtsverfahren sind nicht öffentlich (dies ist wesentlich bei geheimhaltungsbedürftigen Vorgängen).

Literatur

Abdel-Latif, A.: (2015) *Nicht verblüffen lassen. Schützen Sie sich vor den zehn dreckigsten Verhandlungsfallen.* Abgerufen am 1.4.2018. *https://www.focus.de/finanzen/experten/adel_abdel-latif/nicht-bluffen-lassen-schuetzen-sie-sich-vor-den-zehn-dreckigsten-verhandlungsfallen_id_4772172.html*

AHK: (2018) *Außenhandelskammern. Offizielle Seite der deutschen Außenhandelskammern.* Abgerufen am 3.6.2018. *https://www.ahk.de/.*

Berner, W.: (2016) *Widerstände. Die Psychologie der Veränderung. Widerstände: Vom Umgang mit Ängsten, Trotz und Interessenpolitik.* Abgerufen am 30.5.2018. *https://www.umsetzungsberatung.de/psychologie/widerstaende.php.*

BME: (2018) *Bundesverband Materialwirtschaft, Einkauf und Logistik. Mittelstandspreis geht an Jokey. 10.11.2017.* Abgerufen am 18.5.2018. *https://www.bme.de/jokey-group-gewinnt-den-bme-innovations preis-2017-2330/.*

Helmold, M.: (2020) *Successful International Negotiations. A Practical Guide for Managing Transactions and Deals.* Springer, Cham.

Helmold, M.: (2021) *New Work, Transformational and Virtual Leadership. Lessons from COVID-19 and Other Crises.* Springer, Cham.

Helmold, M.; Dathe, T.; Hummel, F.: (2019) *Erfolgreiche Verhandlungen.* Springer, Wiesbaden.

Helmold, M.; Dathe, T.; Hummel, F.: (2022) *Successful Negotiations. Best-in-Class Recommendations for Breakthrough Negotiations.* Springer, Wiesbaden.

Helmold, M.; Samara, W.: (2019) *Progress in Performance Management. Industry Insights and Case Studies on Principles, Application Tools, and Practice.* Springer, Heidelberg.

Hilsenbeck, T.: (2004) *Verhandeln. Handbuch von Dr. Thomas Hilsenbeck.* Abgerufen am 30.5.2018. *http://www.thomas-hilsenbeck.de/wp-content/uploads/Dr-Th-Hilsenbeck-Handbuch-Verhandeln-Vers-5_0.pdf.*

Hofert, S.: (2015) *Rangdynamik. Warum Alphas Betas brauchen und Omegas eigentlich nützlich sind.* Abgerufen am 25.3.2018. *https://teamworks-gmbh.de/rangdynamik-warum-alphas-betas-brauchen-und-omegas-eigentlich-nuetzlich-sind/.*

IHK Berlin: (2018) *Internationales Vertragsrecht und UN-Kaufrecht.* Abgerufen am 3.6.2018. *https://www.ihk-berlin.de/blob/bihk24/Service-und-Beratung/international/downloads/2252700/074b1ae0b731ef9780be39c15db30776/UN_Kaufrecht-data.pdf.*

IHK Region Stuttgart: (2018) *Internationale Lieferbedingungen. Incoterms 2020.* Abgerufen am 3.6.2021. *https://www.stuttgart.ihk24.de/Fuer-Unternehmen/international/Internationales_Wirtschaftsrecht/Internationale_Liefergeschaefte/Incoterms/Incoterms_2010/684806*

IHK Schleswig-Holstein: (2018) *Ratschläge zur Gestaltung internationaler Verträge.* Abgerufen am 3.6.2018. *https://www.ihk-schleswig-holstein.de/blob/swhihk24/international/downloads/export/1372586/dc4f9c7d776e25fb8f8ad9c4cc3065fd/Ratschlaege_zur_Gestaltung_Internationaler_Vertraege_Januar_2006_Gerstner-data.pdf.*

Obrien, J.: (2016) *Negotiations for Procurement Professionals.* 2nd Edition. Kogan Page, Croyden.

Schranner, M.: (2009) *Verhandeln im Grenzbereich. Strategien und Taktiken für schwierige Fälle.* 8. Auflage. Econ, München.

Schranner, M.: (2015) *7 Prinzipien für erfolgreiches Verhandeln. BME-Keynote Matthias Schranner gibt sieben Tipps für zielführende Verhandlungen.* Abgerufen am 20.3.2018. *https://www.bme.de/7-prinzipien-fuer-erfolgreiches-verhandeln-888/.*

Wilkes, K.: (2016) *Was bewegt Matthias Schranner? Zehn Millionen mehr, bitte!* Die Zeit Online. Abgerufen am 17.5.2018. *https://www.zeit.de/2016/22/matthias-schranner-verhandlungsfuehrer-regierung-geiselnahme.*

13 Rechtliche Empfehlungen für ein vertraglich stabiles Lieferantenmanagement

13.1 Kaufverträge

Gerade für die wichtige Bedarfssicherung ist ein rechtsgültiger Vertragsschluss unabdingbar: Die Vertragsparteien müssen genau wissen, welche Rechte und Pflichten sie haben. Wer etwas beschafft, sollte dieses Geschäft auf Basis eines Vertrags vorab schriftlich regeln. Der Gesetzgeber hat unterschiedliche Vertragsarten vorbereitet, welche die wichtigsten Punkte festlegen oder zumindest eingrenzen.

Die Vertragspartner haben darüber hinaus die Möglichkeit, ihre Zusammenarbeit innerhalb dieser Grenzen individuell zu vereinbaren. Tun sie das nicht oder ungültig, treten automatisch die gesetzlichen Haftungsbestimmungen, Gewährleistungsregeln und im Zweifelsfall auch branchentypische Entgeltregelungen in Kraft.

Ein Vertrag wird nicht nur schriftlich geschlossen. Mündliche oder konkludente Vereinbarungen durch einfaches Tun reichen oftmals aus. Bei den Verträgen, die von Einkaufsabteilungen geschlossen werden, handelt es sich meist um zweiseitige Rechtsgeschäfte. Sie bestehen aus mindestens zwei Willenserklärungen: Angebot und Annahme oder Bestellung und Auftragsbestätigung. Diese müssen inhaltlich übereinstimmen. Weicht die Auftragsbestätigung von der Bestellung ab, kommt kein Vertrag zustande.

Ware gegen Geld

Für den Beschaffer ist der Kaufvertrag der häufigste und damit wichtigste Vertrag. Er regelt den Kauf „handelsüblicher Waren“. Ein Kaufvertrag definiert mindestens vier Grundparameter: Parteien, Ware, Preis und Konditionen. Erfüllt eine der Parteien den Vertrag teilweise nicht (zum Beispiel in puncto Qualität oder Bezahlung), bleibt das Vertragsverhältnis bestehen, bis sich die Partner einigen oder ein Urteil für Klarheit sorgt. Der Lieferant muss also im Zweifelsfall ein zweites oder drittes Mal bis zur endgültigen Vertragserfüllung liefern, der Käufer im Gegenzug auf jeden Fall den vereinbarten Preis zahlen. Das Bürgerliche Gesetzbuch unterscheidet übrigens nicht zwischen Liefer- und Kaufvertrag.

Erfolg gegen Geld

Handelt es sich dagegen um die Beschaffung eines einmaligen Werks oder einer einmaligen Leistung, tritt der Werkvertrag in Kraft: Bei dieser Vertragsform schuldet der Beauftragte einen vereinbarten Arbeitserfolg. Das können eine Reparatur, ein Bauvorhaben, ein Gutachten, der anstehende Geschäftsbericht oder auch Instandhaltungsarbeiten durch den Hersteller sein. Der Auftragnehmer behält die Weisungsbefugnis über alle eingesetzten Mitarbeiter und kann das Werk nach seinen Vorstellungen, mit seinen Methoden, Werkzeugen und Mitteln erstellen. Entsteht dabei ein durch Copyright geschütztes Werk, wird der Werkvertrag oft mit einem Urheberrechtsvertrag gekoppelt. Dieser regelt dann beispielsweise die mögliche Zweitverwendung der Fotos aus dem Geschäftsbericht oder eine zulässige architektonische Veränderung der neuen Werkshalle.

Der Auftraggeber kann den Werkvertrag jederzeit kündigen, der Auftragnehmer nur bei Unzumutbarkeit. Dieser behält in beiden Fällen das Recht auf seine Bezahlung, abzüglich eventuell ersparter Aufwendungen. Die geschuldete Werkleistung muss im Vertrag möglichst exakt beschrieben sein. Einerseits, um die Abnahme des Werks von Anfang an zu erleichtern, andererseits, damit der Auftraggeber nicht in den Verdacht einer Arbeitnehmerüberlassung kommen kann.

Eine Arbeitnehmerüberlassung ist dadurch gekennzeichnet, dass der Verleiher dem Auftraggeber Mitarbeiter zur Verfügung stellt, welche die Arbeit nach den Weisungen und Vorstellungen des Auftraggebers ausführen. Die Vertragspflichten des Verleihers enden mit der Personenauswahl durch den Auftraggeber. Die pauschale Vereinbarung von Montage- oder Schweißerleistungen oder „Arbeiten aller Art“ sind deutliche Indizien für eine Arbeitnehmerüberlassung. Eine solche Leiharbeit bringt besondere Rechte und Pflichten mit sich – allen voran Sozialversicherungsbeiträge, aber zum Beispiel auch Fürsorgepflichten, die Forderung nach gleichem Lohn sowie besondere Haftungsregelungen (Beschaffung aktuell 2021).

Im Rahmen eines Dienstvertrags verpflichtet sich der Auftragnehmer zur Ableistung eines Dienstes. Ob der gewünschte Erfolg dieses Dienstes erreicht wird, spielt dabei keine Rolle – das ist der wichtigste Unterschied zum Werksvertrag, der ein gewünschtes Ergebnis festschreiben kann. Sanktionsmöglichkeiten hat der Auftraggeber beim Dienstvertrag keine – außer einem Wechsel des Vertragspartners bei nächster Gelegenheit. Typische Dienstverträge werden beispielsweise für Schulungen und Beratungen abgeschlossen. Aber auch der externe Werksschutz wird im Regelfall über einen Dienstvertrag verpflichtet. Gelangen ungebetene Gäste auf das Werksgelände, muss die Basis-Vergütung trotzdem ohne Abschläge bezahlt werden.

Geheimhaltungsklauseln (engl.: Non-Disclosure Agreement - NDA) sollen dem Schutz vertraulicher Information dienen, die der Lieferant vom Unternehmen erhält. Dies können z. B. vertrauliche Unterlagen oder Verhandlungsinhalte und -ergebnisse sein. Es bietet sich an, solche Informationen bereits im Vorfeld von Vertragsverhandlungen mit dem Vertriebspartner zu schützen.

13.1.1 UN-Kaufrecht bei internationalen Verträgen

Der größte Teil der deutschen Importe und Exporte wird mit Geschäftspartnern abgewickelt, die in Vertragsstaaten des UN-Kaufrechts ansässig sind. Das UN-Kaufrecht (UNK; engl.: United Nations Convention on Contracts for the International Sale of Goods, CISG; franz.: Convention des Nations unies sur les contrats de vente internationale de marchandises, CVIM) vom 11. April 1980, auch Wiener Kaufrecht genannt, ist ein völkerrechtlicher Vertrag über das für den internationalen Warenkauf maßgebliche Recht.

Das UN-Kaufrecht gilt für alle Exportgeschäfte über Waren. Ausgenommen sind Käufe, wie zum Beispiel der Kauf eines Pkw zu privaten Zwecken. Danach kommt UN-Kaufrecht zur Anwendung, wenn die Staaten, in denen Käufer und Verkäufer ihre Niederlassung haben, beide Vertragsstaaten des UN-Kaufrechts sind. In manchen Fällen wird das UN-Kaufrecht durch allgemeine Geschäftsbedingungen explizit ausgeschlossen. Hierfür ist erforderlich, dass der Anbieter spätestens bis zum Vertragsschluss deutlich erkennen lassen muss, dass er seine AGB zur Geltung bringen will.

In Deutschland trat das UN-Kaufrecht am 1. Januar 1991 in Kraft und ist seitdem Teil der nationalen Rechtsordnung. Damit kommt es nicht darauf an, ob UN-Kaufrecht ausdrücklich zwischen den Vertragsparteien vereinbart wird (Honsel 2010). Während das BGB und das HGB für nationale Kaufverträge Anwendung finden, gilt das UN-Kaufrecht als Bestandteil des nationalen Rechts automatisch für internationale Warenkaufverträge, solange keine abweichende Parteivereinbarung getroffen wird.

Ein internationaler Kaufvertrag liegt vor, wenn die Vertragsparteien ihre Niederlassungen in verschiedenen Staaten haben. UN-Kaufrecht ist immer dann anwendbar, wenn für einen internationalen Kaufvertrag das Recht eines Abkommensstaates Anwendung findet oder die Staaten, in denen Käufer und Verkäufer ihren Sitz haben, beide Vertragsstaaten des UN-Kaufrechts sind. Da für Kaufverträge nach den deutschen Vorschriften des Internationalen Privatrechts im Zweifel das Recht des Staates Anwendung findet, in dem der Verkäufer seinen Sitz hat, bedeutet dies, dass für den deutschen Exporteur auch für Lieferungen in Nicht-Vertragsstaaten das UN-Kaufrecht in der Regel Anwendung findet. Dies ist nur dann nicht der Fall, wenn das UN-Kaufrecht zuvor wirksam ausgeschlossen wurde. Der Ausschluss sollte dabei ausdrücklich im Vertrag vereinbart werden.

13.1.2 Qualitätssicherungsvereinbarungen

Qualitätssicherungsvereinbarungen (QSV) sind Vereinbarungen mit Lieferanten, in denen alle notwendigen Produktspezifikationen, Ausführungsvorschriften, Merkmale, die für die Qualitätssicherung von besonderer Bedeutung sind, sowie die bereitzustellenden Zertifikate, Prüfzeugnisse usw. produktbezogen definiert und detailliert beschrieben werden. Eine QSV enthält zum Beispiel ppm-Werte (Fehlerrate; „parts per million"), C_{pk}-Werte (Prozessfähigkeitsindex) oder Preise pro Reklamationsvorgang. Die Inhalte sind jedoch stark abhängig vom Produkt.

Positiv an dieser Vorgehensweise ist, dass bei eventuell auftretenden Problemen bereits im Vorfeld die Schadensregulierung festgelegt werden kann. Außerdem erfolgt aufgrund einer abgeschlossenen QSV oft keine oder nur noch eine stichprobenartige Wareneingangsprüfung, das heißt, es erfolgt eine Art Verlagerung. Vollständig kann diese jedoch nicht auf den Lieferanten verlagert werden.

13.2 Nachforderungen im Lieferantenmanagement: Claims

Ein Claim ist eine rechtlich begründete Forderung oder Geltendmachung einer kommerziellen und monetären Entschädigung, Zahlung oder Erstattung durch einen Antragsteller für eine Störung, Schlechtleistung, einen Mangel oder ein Versagen eines vereinbarten Zustands eines Produkts, eines Prozesses, einer Funktion bei der Erfüllung eines Vertrags oder einer Vereinbarung. Das Claim Management oder Nachforderungsmanagement ist die systematische Überwachung und Beurteilung von Abweichungen bzw. Änderungen und deren wirtschaftlichen Folgen zwecks Ermittlung und Durchsetzung von Ansprüchen durch einen Claim- oder Lieferantenmanager.

> Claim Management (auch Nachforderungsmanagement bzw. Nachtragsmanagement, Regression) ist gemäß DIN 69905:1997 die Überwachung und Beurteilung von Abweichungen bzw. Änderungen und deren wirtschaftlichen Folgen zwecks Ermittlung und Durchsetzung von Ansprüchen.

Grundsätzlich stellt das Nachforderungsmanagement einen Gegensatz zu partnerschaftlicher Zusammenarbeit dar, da es sich auf die Schuldfrage für Abweichungen fokussiert und nicht auf die gemeinsame Lösung von Problemen (Helmold & Terry 2016). Zudem bindet die Auseinandersetzung der Projektpartner über die Höhe und Rechtfertigung von Nachforderungen erhebliche Ressourcen auf beiden Seiten.

Auch wenn Kunden- und Lieferantenbindungen partnerschaftlich verlaufen sollten, sollten Unternehmen ein strukturiertes und präventives Claim Management aufbauen. Das Claim Management gehört im Lieferantenmanagement sowohl zum Instrumentarium des Auftraggebers als auch des Auftragnehmers, sollte aber nur als Abschreckung dienen. Dabei ist es das Ziel, die beim Vertragsabschluss nicht vorhersehbaren Ereignisse im Projektverlauf in ihren kommerziellen Folgen einvernehmlich zu klären.

Nach Erteilung eines Auftrags durch den Kunden/Auftraggeber an den Lieferanten/Auftragnehmer kommt es in der Regel, insbesondere bei Kaufgeschäften und Transaktionen, zu Änderungen, Nachträgen oder Erweiterungen. Mögliche Gründe sind meist Mängel an Produkten oder Dienstleistungen, Lieferausfälle, Verspätungen oder Nichtkonformitäten in Bezug auf Qualität. Auch Lieferausfälle durch höhere Gewalt wie Hochwasser oder Erdbeben werden regressiert.

Nicht zu Nachforderungen führen Änderungen oder Erweiterungen, die durch den Auftrag erfasst sind. Ist dies nicht der Fall, kann der Auftragnehmer eine Nachforderung für die bei ihm zusätzlich anfallenden Kosten an den Verursacher der Änderung oder Erweiterung stellen (Änderungsmanagement). Der Verursacher kann dabei der Auftraggeber oder auch ein anderer Auftragnehmer desselben Projekts sein.

Durch Erstbemusterungen, Serienfähigkeitsnachweise, Produktaudits oder andere Werkzeuge, z.B. Prozessaudits oder Gutachten, wird versucht, einen sicheren Anlauf und Störungen in der Serienfertigung aus Richtung der Zulieferkette von vorneherein zu vermeiden. Dies gelingt nicht immer mit Erfolg, wie empirische Untersuchungen von Dr. Marc Helmold in der Automobil- und Schienenverkehrsindustrie zeigen (Helmold & Terry 2016): Trotz Erstbemusterungen etc. treten in der Praxis meist im Produktanlauf und in der Serie weiterhin Störungen auf, die sich negativ auf Kosten- und Lieferperformance auswirken und damit auch das Image beim Kunden beschädigen.

Die Höhe des dadurch entstehenden Mehraufwands ist abhängig von dem Zeitpunkt der umgesetzten Korrekturmaßnahmen. Werden sofortige Korrekturmaßnahmen eingeleitet, so ist der Schaden noch zu begrenzen. Wird der Schaden erst mit einer Verzögerung behoben, so können sich die Kosten schnell auf einen sechsstelligen Betrag kumulieren. Zwei Fallstudien zeigen, dass eine „abgerissene Schraube“ an einem sicherheitsrelevanten System Kosten in Höhe von 50 000 bis 100 000 Euro an Folgekosten mit sich ziehen kann, selbst wenn sofortige Korrekturmaßnahmen eingeleitet werden; insbesondere durch Nacharbeiten, Rückrufaktionen oder Qualitätssicherungsmaßnahmen. Bei Abstellmaßnahmen, die über mehrere Tage und Woche verlaufen, gehen die Mehraufwände in den Bereich von mehreren Millionen Euro.

13.3 Einsatz von Claim- oder Kontrakt-Managern

Was also tun, wenn Leistungsstörungen durch Zuliefererteile auftreten? Das Rezept kann ein Phasenmodell sein, kombiniert mit dem Einsatz von sogenannten „Claim- oder Kontrakt-Managern". Ein Claim Manager (CM) sollte eine Ausbildung als Jurist oder Wirtschaftsjurist haben und komplexe technische Sachverhalte analysieren können. Er oder sie unterstützt bei Vertragserstellungen und Verhandlungen der Einkäufer und Projekteinkäufer. Die Aufgaben beinhalten die Aufbereitung von Claims aus technischer und kaufmännischer Sicht mit Ermittlung vertraglicher und rechtlicher Anspruchsgrundlagen sowie Sicherung von Ansprüchen gegen Lieferanten und Versicherungen sowie die Durchführung des Claim Managements von der Abwicklungs- bis in die Gewährleistungsphase, insbesondere im Bereich Lieferstörungen und Prüfung der vertraglichen und gesetzlichen Anspruchsgrundlagen.

Der Claim Manager erstellt den Claim-relevanten Schriftverkehr. Die Claim Verhandlungen können wie folgt durchgeführt werden:

- In der ersten Phase wird von einer Fachabteilung (z. B. Einkauf, Qualität, Marketing oder Produktion) eine Schlechtleistung, ein Mangel oder eine Leistungsstörung durch eine andere Partei (Lieferanten, Kunden, Berater oder Dienstleister) festgestellt und bekannt gemacht.
- In Phase zwei wird der Claim Manager zu Bewertung der rechtlichen Lage und des wirtschaftlichen Schadens in den Fall eingebunden. Hier erfolgt eine erste Einschätzung, ob Schadenersatzforderungen geltend gemacht werden können.
- Phase drei ist ein wichtiger Schritt, denn hier findet die Definition einer Claim Strategie auf Basis der rechtlichen, vertraglichen und wirtschaftlichen Grundlage statt.
- In Phase vier erfolgt die Anzeige des Claims und Forderung der Schadenersatzleistung gegenüber den Verursachern der Schlechtleistung, des Mangels oder der Leistungsstörung.

- Phase fünf ist die Umsetzung der Claim Strategie in Verhandlungen (finanzielle Entschädigung, Schadenersatz, zusätzliche Lieferungen, Preisnachlässe oder andere Lösungen, z. B. Goodwill).
- In Phase sechs ziehen die Partner vor ein Schiedsgericht. Dort erfolgt dann eine Vertragsratifizierung des Ergebnisses der Verhandlungen und das Aushandeln der Schadenersatzleistung.

Zur minimalen Claim Dokumentation gehören Datum des Eintritts des Ereignisses, Beschreibung/Begründung des Claims, die Bewertung/Kalkulation sowie die Nachweise und Beweise. Hier können Rechnungen, Zeugen, Fotos, Schriftwechsel oder Gutachten als Beweise dienen. Die Mehraufwände können entweder zentral und digital auf einem gesonderten Kostenträger erfasst werden, aber auch der Papierweg ist möglich.

> Claims aufgrund von Leistungsstörungen sind aus kaufmännischer Sicht sofort ergebniswirksam und verbessern das Projektergebnis.

13.4 Handelsschiedsgerichtbarkeit

Die internationale Handelsschiedsgerichtsbarkeit ist eine Methode zur Beilegung von Streitigkeiten und Meinungsverschiedenheiten, die sich aus internationalen Handelsverträgen ergeben (Helmold, Dathe & Hummel 2019). Sie wird als Alternative zu Rechtsstreitigkeiten verwendet und unterliegt in erster Linie den zuvor von den Vertragsparteien vereinbarten Bedingungen und nicht den nationalen Rechtsvorschriften oder Verfahrensregeln. Internationale Schiedsgerichtsbarkeit ist eine Schiedsgerichtsbarkeit zwischen Unternehmen oder Einzelpersonen in verschiedenen Ländern, in der Regel durch Aufnahme einer Bestimmung für künftige Streitigkeiten in einen Vertrag. Es gibt drei Arten von Schiedsverfahren:

- Handelsschiedsgerichtsbarkeit ist die häufigste Streitigkeit. So wie es sich anhört, handelt es sich um einen Streit zwischen zwei Handelsunternehmen.
- Verbraucherschiedsgerichtsbarkeit umfasst Streitigkeiten zwischen einem Verbraucher und einem Lieferanten von Waren oder Dienstleistungen.
- Die Arbeitsschiedsgerichtsbarkeit umfasst die Beilegung von arbeitsrechtlichen Streitigkeiten. Dieses Formular oder Schiedsverfahren kann in zwei Hauptkategorien unterteilt werden: Rechtsschiedsgerichtsbarkeit und Interessenschiedsgerichtsbarkeit.

Es gibt mehrere große internationale Institutionen und juristische Personen, die Schiedsrichter für internationale Handelskonflikte ernennen dürfen (Helmold, Dathe & Hummel 2021). Die wichtigsten sind in Tabelle 16.1 dargestellt.

Schiedsgerichtsbarkeit ist eine Form der Streitbeilegung und ist eine private, gerichtliche Entscheidung eines Rechtsstreits durch einen unabhängigen Dritten. Eine Schiedsgerichtsverhandlung kann die Verwendung eines einzelnen Schiedsrichters oder eines Gerichts beinhalten. Ein Tribunal kann aus einer beliebigen Anzahl von Schiedsrichtern bestehen, obwohl einige Rechtssysteme aus um ein Unentschieden zu vermeiden, auf einer ungeraden Anzahl bestehen. Eins und drei sind die häufigste Anzahl von Schiedsrichtern. Die Streitparteien geben ihre Entscheidungsbefugnis an den bzw. die Schiedsrichter ab. Schiedsgerichtsbarkeit ist eine Alternative zu Gerichtsverfahren (Rechtsstreitigkeiten) und im Allgemeinen ebenso endgültig und bindend (im Gegensatz zu unverbindlichen Mediationen, Verhandlung und Schlichtung). Die allgemeinen Grundsätze der Schiedsgerichtsbarkeit lauten wie folgt:

- Gegenstand des Schiedsverfahrens ist es, eine faire Beilegung von Streitigkeiten durch einen unparteiischen Dritten ohne unnötigen Aufwand oder Verzögerung zu erreichen.
- Den Parteien sollte es freigestellt sein, zu vereinbaren, wie ihre Streitigkeiten beigelegt werden, vorbehaltlich der Schutzmaßnahmen, die im öffentlichen Interesse erforderlich sind.
- Gerichte sollten sich nicht einmischen.

Schiedsrichter oder Tribunalmitglieder werden üblicherweise auf drei Arten ernannt:

- Direkt von den Streitparteien (im gegenseitigen Einvernehmen oder von jeder Partei, die einen Schiedsrichter ernennt)
- Von bestehenden Tribunalmitgliedern (zum Beispiel ernennt jede Seite einen Schiedsrichter und dann ernennen die Schiedsrichter einen dritten)
- Von einer externen Partei (z. B. dem Gericht oder einer von den Parteien benannten Person oder Institution)

Die Schiedsgerichtsbarkeit ist ein juristisches Mittel zur Streitbeilegung im Rahmen von Schiedsverfahren. Die Schiedsgerichtsbarkeit wird als „Methode zur Beilegung von Streitigkeiten durch Unternehmen" bezeichnet und unterliegt dem staatlichen Recht. Die meisten Staaten haben spezifische und individuelle Regeln für Schiedsverfahren. Abgeschlossen wird das Schiedsverfahren mit einem Schiedsspruch. Hierbei handelt es sich um ein Dokument, das die Entscheidung eines Schiedsrichters enthält, erläutert und der Kraft und Wirkung eines Gerichtsurteils entspricht (Buchwitz 2019).

Tabelle 16.1 Internationale Schiedsgerichte

Institution	Abkürzung	Ort	Jahr
International Court of Arbitration	ICC	Paris, Frankreich	1923
Korean Commercial Arbitration Law	KCAB	Seoul, Südkorea	1966
London Court of International Arbitration	LCIA	London, Vereinigtes Königreich	1892
American Arbitration Association (International Center for Dispute Resolution)	AAA (ICDR)	New York, USA	1926
Swiss Chamber´s Arbitration Institution	SCAI	Genf, Schweiz	2004
Vienna International Arbitral Center	VIAC	Wien, Austria	1975
Ljublijana Arbitration Centre	LAC	Ljublijana, Slovenia	1928
Arbitration Institute of the Stockholm Chamber of Commerce	SCC	Stockholm, Schweden	1917
Singapore International Arbitration Centre	SIAC	Singapur	1991
International Domestic Arbitration Centre India	IDAC India	Vadodara, India	2016
Hong Kong International Arbitration Centre	HKIAC	Hong Kong, China	1985
Mumbai Centre For International Arbitration	MCIA	Mumbai, India	2016
Chinese International Economic and Trade Arbitration Center	CIETAC	Hong Kong, China	1956
(Helmold, Dathe & Hummel 2021)			

Literatur

Beschaffung aktuell: (2021) *Abgrenzung der Vertragsarten im Beschaffungsrecht. Kauf-, Werk- und andere Verträge*. Abgerufen am 22.10.2021. *https://beschaffung-aktuell.industrie.de/news/kauf-werk-und-andere-vertraege/*.

Buchwitz, W. (2019): *Schiedsverfahrensrecht*. Springer, Berlin 2019.

GTAI: (2021) *German Trade and Invest. UN-Kaufrecht in Deutschland, 25 Jahre Relevanz für den Warenexport. UN-Kaufrecht in Deutschland, 25 Jahre Relevanz für den Warenexport | Studie | Deutschland | Internationale Handelsrechtsvereinheitlichung (u. a. UNCITRAL) (gtai.de)*. Abgerufen am 5.8.2022. *https://www.gtai.de/gtai-de/trade/recht/studie/deutschland/un-kaufrecht-in-deutschland-25-jahre-46410*.

Helmold M. et al.: (2020) *Successful international Negotiations. A Practical Guide for Managing Transactions and Deals*. Springer, Cham.

Helmold, M.; Dathe, T.; Hummel, F.: (2021) *Successful Negotiations. Best-in-Class Recommendations for Breakthrough Negotiations.* Springer, Cham.

Helmold, M.; Terry, B.: (2016) *Lieferantenmanagement 2030.* Springer, Wiesbaden.

Honsel, H.: (2010) *Kommentar zum UN-Kaufrecht. Übereinkommen der Vereinten Nationen über Verträge über den Internationalen Warenkauf (CISG).* Springer, Wiesbaden.

Löwer, C.: (2005) *Die Stunde der Claim Manager. Sie handeln, wo Chef und Syndikus versagen.* Handelsblatt. Abgerufen 24.10.2020. *https://www.handelsblatt.com/unternehmen/management/die-stunde-der-claim-manager-sie-handeln-wo-chef-und-syndikus-versagen/2490292.html.*

14 Lieferkettengesetz und Nachhaltigkeit im resilienten Lieferantenmanagement

14.1 Lieferkettengesetz

Das Lieferkettengesetz (Lieferkettensorgfaltspflichtengesetz, LkSG) soll einen rechtlichen Rahmen schaffen, um den Schutz der Umwelt sowie der Menschen- und Kinderrechte entlang globaler Lieferketten zu verbessern. Unternehmen, die im Ausland Vorleistungsgüter oder Fertigerzeugnisse beschaffen, müssen Verantwortung übernehmen für Produktionsverfahren und Arbeitsbedingungen bei ihren Zulieferern, Missstände zurückverfolgen und diese von vornherein oder ab Kenntniserlangung vermeiden oder abstellen.

Mit dem neuen Lieferkettengesetz soll sich die Verantwortung der Unternehmen auf die gesamte Lieferkette erweitern. Dazu gehört der gesamte Entstehungsprozess vom Rohstoff bis zum fertigen Verkaufsprodukt. Wie stark sich die jeweilige Verantwortung der Betriebe erhöht, definiert das Lieferkettengesetz in Deutschland anhand verschiedener Anforderungen. Diese sind in drei Stufen untergliedert. Nachfolgende Auflistung zeigt die Pflichten des Lieferkettensorgfaltspflichtengesetzes:

Pflichten aus dem Gesetzesentwurf
Risikoanalyse und Risikomanagement
Grundsatzerklärung zu Sorgfaltspflichten
Präventivmaßnahmen im Rahmen des LkSG
Abhilfemaßnahmen bei Verstößen
Jährliche Dokumentations- und Berichtspflicht

So müssen Unternehmen in Deutschland, je nach Bereich, die in Tabelle 14.1 dargestellten Maßnahmen des Lieferkettengesetzes erfüllen.

Tabelle 14.1 Lieferkettengesetz

Bereich	Maßnahmen
1. Eigener Geschäftsbereich eines Unternehmens 2. Unmittelbarer Zulieferer bzw. Vertragspartner des Unternehmens	Grundsatzerklärung zur Achtung der Menschenrechte festlegen. Im Rahmen einer Risikoanalyse ein Verfahren zur Ermittlung nachteiliger Auswirkungen auf Menschenrechte umsetzen. Ein Risikomanagement entwickeln, dass potenziell negative Auswirkungen auf die Menschenrechte in den Lieferketten entgegenwirken soll. Zum Risikomanagement muss das Unternehmen auch Präventions- und Abhilfemaßnahmen definieren. Einen eigenen Beschwerdemechanismus für die betriebliche Lieferkette aufbauen. Fortlaufend dokumentieren und öffentlich berichten, wie das Unternehmen seine Sorgfaltspflichten erfüllt. Werden im Inland geltende Menschenrechte entlang der Lieferkette verletzt, muss das Unternehmen ▪ im eigenen Geschäftsbereich unverzüglich Abhilfemaßnahmen umsetzen, mit denen sich die Menschenrechtsverletzung stoppen lässt. ▪ beim unmittelbaren Zulieferer einen konkreten Plan erarbeiten, um die Verletzung zu verringern und künftig zu vermeiden, wenn das Unternehmen die Verletzung nicht in absehbarer Zeit selbst aufhalten kann.
3. Zulieferer (keine direkte Vertragsbeziehung)	Die folgenden Maßnahmen zur Sorgfaltspflicht sind nur anlassbezogen erforderlich, wenn das Unternehmen von einem möglichen Verstoß beim mittelbaren Zulieferer erfährt: ▪ Risikoanalyse durchführen. ▪ Ein Konzept festlegen, um die Verletzung der Menschenrechte zu minimieren und zu vermeiden. ▪ Gegenüber dem Verursacher der Menschenrechtsverletzung angemessene Präventionsmaßnahmen bestimmen. Möglich ist hierfür z. B. die Brancheninitiativen zu verschieben.

14.2 Nachhaltigkeit

14.2.1 Statusermittlung mit Compliance-Audits

Für Unternehmen, die in ihrer Lieferkette die Nachhaltigkeit verbessern wollen, sind Compliance-Audits von entscheidender Bedeutung. Ein Beispiel ist das Unternehmen Patagonia, ein Spezialist für Outdoor-Bekleidung. Es nutzt einen vierstufigen Ansatz für das Screening potenzieller Lieferanten, die auf die Einhaltung von (1) Beschaffungs-, (2) Qualitäts-, (3) Sozial- und (4) Umweltstandards geprüft werden. Es berücksichtigt nicht nur die Hersteller der Bekleidung, sondern auch die Lieferanten von Stoffen und Geweben. Auf ähnliche Weise können Unternehmen erreichen, dass in der gesamten Lieferkette bestimmte Mindeststandards in Sachen Umwelt und Nachhaltigkeit eingehalten werden.

Ein solches Compliance-Audit ist allerdings nicht nur bei Beginn einer Vertragsbeziehung wichtig. Auch später sollten regelmäßige, möglichst unangekündigte Audits genutzt werden, um die Befolgung der vereinbarten Nachhaltigkeitspolitik zu kontrollieren. Dabei ist es sinnvoll, wenn das Unternehmen über den Tellerrand hinausschaut und auch die Vergabe von Unteraufträgen prüft. Dies gehört beispielsweise nach der ISO 45001 (Anforderungen an Managementsysteme für Arbeits- und Gesundheitsschutz) zu den Pflichten eines Unternehmens. Die Verantwortung erstreckt sich nicht nur über die festen Mitarbeiter, sondern auf alle Personen, die an den Produkten oder Services des Unternehmens mitwirken, etwa Leiharbeiter oder die Mitarbeiter von Lieferanten.

14.2.2 Spezialisten für die Audits

Damit ein Compliance-Audit erfolgreich ist, müssen die Unternehmen Spezialisten beschäftigen. Das können speziell ausgebildete Mitarbeiter des eigenen Unternehmens sein, die allerdings selbständig und unabhängig von anderen Fachbereichen arbeiten müssen. Alternativ kann ein Unternehmen auch eine Wirtschaftsprüfungsgesellschaft beauftragen, deren Mitarbeiter dann den Audit ausführen. In jedem Fall sollten die Prüfer in der Lage sein, die Leistung der Lieferanten anhand international anerkannter Zertifizierungen und Standards zu bewerten. Darüber hinaus müssen sie mit allen notwendigen Hilfsmitteln ausgerüstet werden, um quantifizierbare Informationen zu sammeln und zu analysieren. Audits allein sind aber noch nicht ausreichend.

Das Unternehmen sollte eng mit allen Zulieferern in seiner globalen Lieferkette zusammenarbeiten, um Verstöße gegen die Nachhaltigkeitspolitik aufzudecken. Zudem sollte es langfristige Vereinbarungen mit dem Management der Lieferanten entwickeln, um die Befolgung aller Nachhaltigkeitsregeln zu garantieren und eine echte kollaborative Verfolgung der Nachhaltigkeitspolitik eines Unternehmens zu erreichen.

14.2.3 Nachhaltigkeitsberichte informieren Management und Öffentlichkeit

Ebenso wichtig für ein erfolgreiches Nachhaltigkeitsmanagement wie Compliance-Audits sind regelmäßige Informationen zur Nachhaltigkeit aller Partnerunternehmen in der Lieferkette. Durch Fortschritte in der Informationstechnologie haben die Unternehmen auch beim Thema Nachhaltigkeit eine enorme Menge an Daten zur Verfügung - sie müssen sie nur sammeln und auswerten. Zahlreiche Angaben sind bereits in den vorhandenen IT-Systemen gespeichert, da sie während des Ablaufs der Geschäftsprozesse ermittelt werden. So lassen sich viele Daten aus der Transportlogistik, Lagerlogistik und Herstellung (ERP) auch zu Aussagen über die Nachhaltigkeit der Lieferkette nutzen. Aussagekräftige Nachhaltigkeitsberichte über ökologische und arbeitsschutzrechtliche Themen benötigen noch weitere Informationen, für sie ist ein Fundament aus quantitativen und qualitativen Daten notwendig. Die Angaben sollten dabei nicht beliebig erhoben werden, sondern sich an den Anforderungen gängiger Nachhaltigkeits-Frameworks orientieren, etwa Global Reporting Initiative, CDP, UN Global Compact oder der Dow Jones Sustainability Index. Für diesen Zweck gibt es spezielle IT-Anwendungen, die zentral Daten sammeln, verwalten und zu Berichten über die Nachhaltigkeit von Lieferanten zusammenfassen. Dabei werden die Zulieferer aufgefordert, eine Reihe von Fragen zu beantworten. Das IT-System kann die Antworten automatisch analysieren und dadurch potenzielle Risiken innerhalb der Lieferkette identifizieren.

14.2.4 Zentrales Online-Repository für alle Sozial- und Umweltdaten

Alle Mitarbeiter, die mit Themen und Aufgaben rund um Nachhaltigkeit beschäftigt sind, müssen Zugriff auf konsistente Informationen haben. Diese Informationen erlauben eine enge Zusammenarbeit mit den Lieferanten, um Probleme gemeinsam zu lösen und sie über die Beschaffungs- und Rohstoffstandards zu informieren. Auf diese Weise entsteht im Unternehmen ein zentrales Online-Repository für alle Sozial- und Umweltdaten, dass nicht nur intern zur Information von Management und Geschäftsführung genutzt werden kann. Mit ihm wird es leichter, Anfragen von Behörden, NGOs, Partnerunternehmen, Kunden oder Medien zur Nachhaltigkeit bestimmter Produkte oder Herstellungsverfahren rasch und kompetent zu beantworten.

Zur Vereinfachung der Reaktion auf solche Anfragen sollte die Software Funktionen bieten, mit denen spezifische Fragen den richtigen Mitarbeitern zugewiesen und alle Inhalte über einen vordefinierten Review- und Genehmigungs-Workflow verwaltet werden. Jede Frage wird vom System verfolgt, so dass die Geschäftsführung die Antworten der vergangenen Jahre vergleichen kann und herausfindet, wo Änderungen vorgenommen wurden. In Ergänzung zu den üblichen Geschäftsberichten entsteht hierdurch ein Nachhaltigkeits-Reporting, das zu jeder Zeit die die richtigen Antworten auf Fragen zur Nachhaltigkeit erlaubt.

14.2.5 ISO 26000

Die ISO 26000 ist ein Leitfaden, der Orientierung und Empfehlungen gibt, wie sich Organisationen jeglicher Art verhalten sollten, damit sie als gesellschaftlich verantwortlich angesehen werden können. Der Leitfaden wurde im November 2010 veröffentlicht und seine Anwendung ist freiwillig. Der Leitfaden umfasst „erstrebenswerte beispielhafte Anwendungen“ (Best Practices) gesellschaftlich verantwortlichen Handelns von Organisationen. Er ist sowohl mit den Richtlinien der Vereinten Nationen (UN) als auch mit denen der internationalen Arbeitsorganisation ILO verträglich. Als wesentliche Praktiken zur Verankerung gesellschaftlicher Verantwortung macht die ISO 26000 zwei Punkte aus:

- Anerkennung der gesellschaftlichen Verantwortung
- Identifizierung und Einbringung der Anspruchsgruppen

Weiter beschreibt sie innerhalb von sieben Kernthemen diverse Handlungsfelder und gibt entsprechende Empfehlungen. Als gedankliche Leitlinie dienen dabei wiederum sieben Prinzipien gesellschaftlicher Verantwortung. Bei den Kernthemen handelt es sich um:

- Organisationsführung
- Menschenrechte
- Arbeitspraktiken
- Umwelt
- Faire Betriebs- und Geschäftspraktiken
- Konsumentenanliegen
- Einbindung und Entwicklung der Gemeinschaft

Das Thema Organisationsführung nimmt insoweit eine Sonderstellung ein, dass es selbst Kernthema ist und andererseits aber auch Voraussetzung für die anderen sechs Kernthemen. Zu jedem Kernthema führt die ISO 26000 Handlungsfelder an und stellt dazu entsprechende Handlungserwartungen an gesellschaftlich verantwortliche Organisationen auf. Die Prinzipien lauten:

- Rechenschaftspflicht
- Transparenz
- Ethisches Verhalten

- Achtung der Interessen der Stakeholder
- Achtung der Rechtsstaatlichkeit
- Achtung internationaler Verhaltensstandards
- Achtung der Menschenrechte

14.2.6 Global Compact-Prinzipien

Global Compact oder auch United Nations Global Compact ist der englische Name für einen weltweiten Pakt, der zwischen Unternehmen und der UNO geschlossen wird, um die Globalisierung sozialer und ökologischer zu gestalten. Die zehn Prinzipien beinhalten die Themen Arbeitsnormen, Menschenrechte, Umweltschutz und Korruptionsbekämpfung. Organisationen, die am UN Global Compact teilnehmen möchten, bekennen sich zur Durchsetzung der zehn universellen Prinzipien und zur Unterstützung der 17 Sustainable Development Goals. Unternehmen, die den Global Compact unterschreiben, sollen folgende Prinzipien einhalten:

1. die international verkündeten Menschenrechte respektieren und ihre Einhaltung innerhalb ihrer Einflusssphäre fördern,
2. sicherstellen, dass sie nicht bei Menschenrechtsverletzungen mitwirken,
3. die Rechte ihrer Beschäftigten, sich gewerkschaftlich zu betätigen, respektieren sowie deren Recht auf Kollektivverhandlungen effektiv anerkennen,
4. alle Formen von Zwangsarbeit bzw. erzwungener Arbeit ausschließen,
5. an der Abschaffung von Kinderarbeit mitwirken,
6. jede Diskriminierung in Bezug auf Beschäftigung und Beruf ausschließen,
7. eine vorsorgende Haltung gegenüber Umweltgefährdungen einnehmen,
8. Initiativen zur Förderung größeren Umweltbewusstseins ergreifen,
9. die Entwicklung und die Verbreitung umweltfreundlicher Technologien ermutigen sowie
10. gegen alle Arten der Korruption eintreten, einschließlich Erpressung und Bestechung.

14.2.7 EcoVadis als Nachhaltigkeitswerkzeug

EcoVadis stellt Unternehmen mittels einer globalen cloud-basierten SaaS-Plattform ganzheitliche Ratings im Bereich Unternehmensverantwortung (Corporate Social Responsibility, CSR) bereit. Mehr als 76 000 multinationale Unternehmen arbeiten mit EcoVadis zusammen, um die Nachhaltigkeit ihrer globalen Lieferkette zu verbessern.

Die EcoVadis-Nachhaltigkeitsbewertung ist in vier Phasen unterteilt: Registrierung, Fragebogen, Expertenanalyse und Ergebnisse. Während des Registrierungsprozesses werden Sie gebeten, allgemeine Informationen über Ihr Unternehmen anzugeben, einschließlich Name der Rechtsperson, Standort, Größe und Branche. Was ist eine CSR Bewertung? Eine CSR-Bewertung ist eine Bewertung, die aufzeigt, wie gut ein Unternehmen die CSR-Prinzipien in sein Geschäft integriert hat. Das Ziel der Bewertung ist es, ein klares Bild Ihrer Praktiken im Bereich der sozialen Verantwortung der Unternehmen zu erhalten (d. h. Umwelt, Soziales, Ethik, nachhaltige Beschaffung).

14.2.8 Reifegradanalysen

Globalisierung, steigende Produktkomplexität, kürzere Entwicklungszyklen und länderübergreifende Wertschöpfungsnetzwerke werden immer komplexer. Ein präventives Lieferantenmanagement ist angesichts dieser Entwicklung unabdingbar. Die Tabelle 14.2 zeigt Reifegrade von Unternehmen und deren Lieferantenmanagementsystemen. An der untersten Stufe stehen die Verweigerer, die keine Aktivitäten hinsichtlich einer nachhaltigen Lieferkette durchführen. An nächster Stelle kommen die Nachzügler, die ein CSR-Bewusstsein haben und Aktivitäten (wenn auch geringe) und Maßnahmen eingeführt haben. An dritter und vierter Position der Reifegradtabelle kommen die Unternehmen, die CSR-Maßnahmen gezielt planen und steuern (Industrie-Standard und Beste-Praktiken). An letzter Stelle stehen die Unternehmen, die Industrieexzellenz oder Weltklasseexzellenz haben.

Tabelle 14.2 CSR-Reifegrade im Lieferantenmanagement

Reifegrad	Beschreibung	Konsequenz
Verweigerer	Keine Aktivitäten im Bereich CSR	Keine Berücksichtigung bei zukünftigen Aufträgen
Nachzügler	Beginnendes CSR-Bewusstsein, erste Maßnahmen	CSR-Audit und Schwachstellenanalyse mit Handlungsempfehlungen
Standard	CSR-Plan als Teil der Unternehmensstrategie	Überwachung der CSR-Aktivitäten, stichprobenartige Kontrollen
Hoher Reifegrad	CSR-Plan als Teil der Unternehmensstrategie mit Beste Praktiken und einem hohen Reifegrad	Projektbezogene Kollaboration bei wertekettenübergreifenden CSR-Aktivitäten
Industrieführer	CSR-Plan als Wettbewerbsvorteil in der Industrie mit dem Fokus auf Wertschöpfung	Holistische Kollaboration bei wertekettenübergreifenden CSR-Aktivitäten
Weltführer	CSR-Plan als Vorreiter in der Welt. CSR führt zu Wettbewerbsvorteilen mit dem Fokus auf Wertschöpfung	Strategische Partnerschaften in allen Bereichen CSR

14.2.9 Empfehlungen für CSR-Maßnahmen

CSR ist ein wesentlicher Bestandteil des Lieferantenmanagements. CSR ist nicht nur notwendig aufgrund von gesetzlichen Vorschriften, sondern auch gesellschaftlich ein Muss für jedes Unternehmen (Stibbe 2019). Das Lieferantenmanagement muss daher den CSR-Reformprozess entlang der gesamten Wertschöpfungskette im Auge behalten, insbesondere da Unternehmen gesetzlich und gesellschaftlich zur globalen Sorgfaltspflicht (Due Diligence) aufgefordert sind. Die CSR-Berichterstattungspflicht, die verbindlichen Kernelemente des Nationalen Aktionsplans zur Umsetzung der UN-Leitprinzipien für Wirtschaft und Menschenrechte und die Aufforderung zur Implementierung von Risikomanagementsystemen treffen dabei nicht nur große, sondern insbesondere auch mittlere und kleine Unternehmen (KMU) in den Lieferantenketten (Stibbe 2019). So gelingt Unternehmen die Umsetzung von CSR-Aktivitäten im Lieferantenmanagement:

- Schließen Sie mit Ihren Zulieferern Verträge ab, die Ihre relevanten Nachhaltigkeitsaspekte beinhalten.
- Priorisieren Sie Zulieferer zu Vorzugslieferanten, beispielsweise durch ein Pyramidenmodell nach den für Ihr Unternehmen wichtigsten Kriterien.
- Führen Sie Auditierungen Ihrer Lieferanten durch.
- Legen Sie intern und mit den Lieferanten kommunizierte Maßnahmen infolge schlechter Audits fest: etwa Schulungen der Mitarbeiter von Zulieferern oder Ausschluss des jeweiligen Lieferanten.
- Schließen Sie an alle Audits Fortbildungsmaßnahmen und Dialogformate an, damit die Auditergebnisse genutzt werden können und eine Verbesserung stattfinden kann.
- Binden Sie insbesondere Ihre Vorzugslieferanten frühzeitig in Entwicklungen und strukturelle Veränderungen ein, beispielsweise zu neuen Umweltstandards oder zur Nutzung neuer Technologien.

Das Lieferantenmanagement ist verantwortlich für die Planung und Steuerung von Nachhaltigkeitselementen innerhalb der Wertschöpfungskette.

Literatur

Anhand, V.; Ashforth, B.; Joshi, M.: (2004) *Business as usual: the acceptance and perpetuation of corruption in organizations*. Academy of Management Excutive, S. 18(2): 39 - 53.

Baumann, Z.: (1993) *Postmodern ethics*. Blackwell, London.

Bowen, H.: (1953) *Social responsibilities of the businessman*. Harper & Row, New York.

Buchanan, D.; Huczynski, A.: (1997) *Organizational behavior*. 3rd edition. Prentice Hall, London.

Bundesverfassungsgericht. (2006). Von *https://www.bundesverfassungsgericht.de/SharedDocs/Entscheidungen/DE/2006/02/rs20060215_1bvr035705.html*

Carroll, A. B.: (1979) *A three-dimensional conceptual model of corporate social performance*. Academy of Management Review, S. 4, 497 - 505.

Carroll, A. B.: (2016) *Carroll's pyramid of CSR: taking another look*. International Journal of Corporate Social Responsibility, S. 1:3.

Craft, J.: (2013) *A review of the empirical ethical decision-making literature: 2004 - 2011*. Journal of business ethics, S. 117:(2): 221 - 259

Crane, A.; Matten, D.: (2016) *Business Ethics. Managing Corporate Citizenship and Sustainability in the Age of Globalization*. 4th edition. Oxford University Press, Oxford.

Dathe, T.; Helmold, M.: (2018) *Erfolgreich im Chinageschäft: Strategien und Handlungsempfehlungen für kleinere und mittlere Unternehmen (KMU)*. Springer Gabler, Wiesbaden.

De George, R.: (1999) *Business ethics (5th edition)*. Upper Saddle River. Prentice Hall, Hoboken.

Duden: (2019) Abgerufen 12.1.2019. *https://www.duden.de/rechtschreibung/Ethik*.

Elkington, J.: (1998) *Cannibals with Forks: The Triple Bottom Line of 21st Century Business*. University of Michigan: New Society Publishers.

Europäische Kommission: (2011) *Mitteilung der Kommission an das Europäische Parlament, den Rat, den Europäischen Wirtschafts- und Sozialausschuss und den Ausschuss der Regionen*. Von Eine neue EU-Strategie für die soziale Verantwortung der Unternehmen (CSR). *https://ec.europa.eu/transparency/regdoc/rep/1/2011/DE/1-2011-681-DE-F1-1.Pdf*

Fassin, Y.; Van Rossem, A.; Buelens, M.: (2011) *Small-business owner-managers' perceptions of business ethics and CSR-related concepts*. Journal of Business Ethics, 98(3), 425 - 453.

Ford, R.; Richardson, W.: (1994) *Ethical decision making: a review of the empirical literature*. Journal of business ethics, S. 13(3): 205 - 221.

Friedman, M.: (1977) The Invisible Hand, in: M. Friedman: *The Business System: A Bicentennial View* (S. 2 - 13). New Hampshire: Amos Tuck School of Business Administration, Hanover.

Historisches Wörterbuch der Philosophie: (1980) *Moral, moralisch, Moralphilosophie*, Bd. 6. In J. Ritter, & K. Gründer, Historisches Wörterbuch der Philosophie (S. 149). Schwabe Verlag, Basel/Stuttgart.

Jones, T.: (1991) *Ethical decision making by individuals in organizations: an issue-contigent model*. Academy of Management Review, S. 16: 366 - 395.

Kalscheuer, F.: (2017) *Autonomie als Grund und Grenze des Rechts: Das Verhältnis zwischen dem kategorischen Imperativ und dem allgemeinen Rechtsgesetz Kants* (Kantstudien-Ergänzungshefte, Band 179). De Gruyter, Kiel.

Kant, I.: (1900) *Kritik der praktischen Vernunft, Grundlegung zur Metaphysik der Sitten*, Erster Teil, Erstes Buch, 1. Hauptstück, § 7 Grundgesetz der reinen praktischen Vernunft. Ausgabe der Preußischen Akademie der Wissenschaften, Berlin.

Kohlberg, L.: (1969) Stage and sequence: the cognitive development approach to socialization, in: *D. G. (ed.), Handbook of socialization theory and research* (S. 347 - 380). Rand McNally, Chicago.

KPMG: (2017) *The KPMG Survey of Corporate Responsibility Reporting.* Abgerufen am 31.12.2019. *https://assets.kpmg/content/dam/kpmg/xx/pdf/2017/10/kpmg-survey-of-corporate-responsibility-reporting-2017.pdf.*

Marshall, T. (1965). Class, citizenship and social development. New York: Anchor Books.

Maxim, S.T.: (2014) *Ethics: Philosophy or science?* Procedia–Social and Behavioral Sciences,149, 553 - 557.

Quazi, A.; O'Brien, D.: (2000) *An Empirical Test of a Cross-national Model of Corporate Social Responsibility.* Journal of Business Ethics, S. Vol. 25, Iss. 1, 33 - 51.

Rawls, J.: (1979) *Eine Theorie der Gerechtigkeit.* Suhrkamp Verlag, Berlin.

Rogers, J.: (2010) *In Defense of a Version of Satisficing Consequentialism.* Utilitas 22 (2), 198 - 221.

Rothschild, J.; Miethe, T.: (1999) *Whistle blower disclosures and management retaliation: the battle to control information about organization corruption.* Work and Occupation, S. 26 (1): 107 - 128.

Sahut, J.; Peris-Ortiz, M.; Teulon, F.J.: (2019) *Corporate social responsibility and governance.* Journal of Management and Governance, S. Volume 23, Issue 4, pp 901 - 912.

Schroeder, M.: (2006) *Not so Promising after All: Evaluator-Relative Teleology and Common-Sense Morality.* Pacific Philosophical Quarterly 87 (3), 348 - 356.

Schwartz, M.; Carroll, A.: (2003) *Corporate Social Responsibility: A Three-Domain Approach.* Business Ethics Quarterly, S. 13, 503 - 530.

Trevino, L.; Nelson, K.: (2014) *Managing business ethics: straight talk about how to do it right (6th edition).* John Wiley, Hoboken, NJ.

United Nations: (1987) *Our Common Future. Retrieved from Report of the World Commission on Environment and Development. http://netzwerk-n.org/wp-content/uploads/2017/04/0_Brundtland_Report-1987-Our_Common_Future.pdf*

Volkswagen: (2019) *Volkswagen Werk Wolfsburg erhält den Umweltpreis „Lean and Green Man-agement Award".* Retrieved 20.11.2019. *https://lean-and-green.de/de/award-gewinner.*

Welzel, E.: (2008) *Corporate Social Responsibility oder Corporate Citizenship. Interdisziplinäre theoretische Konzepte als Grundlage der Begriffasabgrenzung der CSR.* In M.M., Corporate Social Responsibility München.

Werhane, P.: (1999) *The role of self-interest in Adam Smith's Wealth of Nation.* Journal of philosophy, S. 86(11): 669 - 680.

15 Den Wandel zum Lieferantenmanagement meistern

15.1 Transformation mit Change Management

Veränderungen sind nicht einfach. So ist auch der Weg zu einem Lieferantenmanagement eine Veränderung, die mit Schwierigkeiten und Widerständen verbunden sein wird. Sie sollten daher bei der Umsetzung methodisch vorgehen und die nötigen Veränderungen managen, also Change Management nutzen.

Unter Change Management (Veränderungsmanagement) lassen sich alle Aufgaben, Maßnahmen und Tätigkeiten zusammenfassen, die eine umfassende, bereichsübergreifende und inhaltlich weitreichende Veränderung zur Umsetzung neuer Strategien, Strukturen, Systeme, Prozesse oder Verhaltensweisen in einer Organisation bewirken sollen. Change Management muss von der Führung initiiert werden, um einen langfristigen Unternehmenserfolg zu erwirken (Helmold & Terry 2021).

Das Ziel des Wandels ist zumeist eine langfristig günstige Position auf dem Markt zu erreichen und einen nachhaltigen Wettbewerbsvorteil zu erzielen. Veränderungen bestimmen zunehmend die alltäglichen Geschäfte und Aktivitäten von Unternehmen.

> Der versierte Umgang mit Veränderungen ist für die Wettbewerbsfähigkeit zentral. Denn heute gilt mehr denn je: Nichts bleibt so beständig wie der Wandel!

Um Veränderungen optimal zu managen, sind spezielle Change Management-Techniken erforderlich (Lauer 2019; 2020). Der menschliche Faktor steht bei allen Überlegungen im Vordergrund, da die Umsetzung von Veränderungen von der aktiven Unterstützung der Mitarbeiter abhängt. Da jeder seine eigenen Bedürfnisse, Ideen und Erfahrungen hat, von denen einige nicht der offiziellen Unternehmensorganisation entsprechen, kann es kein einfaches Rezept für den erfolgreichen Umgang mit Veränderungen geben. Es ist vielmehr ein komplexer Prozess, der an folgenden Punkten beginnen muss: der Organisation und den betroffenen Personen, den Unternehmensstrukturen und der Unternehmenskultur (Lauer 2019). Ein weiteres wichtiges Element im Kontext ist der technologische Faktor, einschließlich Systeme, Routinen, Methoden und Instrumente (Helmold & Samara 2019). Bild 15.1 fasst die Elemente des Change Managements zusammen.

Bild 15.1 Elemente im Change Management

15.1.1 Drei-Phasen-Modell nach Lewin

Kurt Lewin ist einer der führendsten Experten im Bereich Change Management. Er analysierte Change Management-Prozesse in der Gesellschaft oder kleineren sozialen Gruppierungen und leitete Prinzipien und Methoden für Unternehmen ab (Lauer 2019; 2020). Dabei hat er charakteristische Phasen eines erfolgreichen Change Managements, aber auch typische, emotionale Reaktionen und Effizienzveränderungen identifiziert.

Wer mit Change Management zu tun hat und es anwenden muss, sollte diese charakteristischen Phasen kennen. Es wird damit klar, warum die Effizienz in der Phase eines Veränderungsprozesses sinkt oder warum die Belegschaft bei der Ankündigung der Veränderungen geschockt ist. Doch das sind typische Merkmale des Veränderungsprozesses, die zwar den richtigen Umgang erfordern, aber nicht zwingend Grund zur Sorge sind.

Kurt Lewin geht davon aus, dass es in jeder Organisation „Driving forces“ und „Restraining forces“ gibt, sprich Kräfte, die den Wandel antreiben und Kräfte, die dem Wandel entgegenwirken. Damit es zu Veränderungen kommt, müssen die Driving forces gestärkt werden – und das ist Aufgabe des Change Management. Da diese Kräfte von den Mitarbeitern ausgehen, ist es wichtig die Mitarbeiter von Anfang an am Wandel zu beteiligen. Sie müssen vom Wandel überzeugt werden, um selbst zur treibenden Kraft zu werden. Das ist viel Arbeit, zahlt sich allerdings aus.

Um den Ablauf der psychologischen Phasen darzustellen, sollte man sich zunächst einmal ansehen, was im Rahmen des Change Managements auf der Sachebene passiert. Jede Veränderung beginnt mit der Vorbereitung und Planung. Das Problem muss identifiziert werden, ein Change-Manager und ein Change-Team müssen her. Wenn der Change durch einen Berater oder einen externen Manager begleitet werden soll, muss dieser auch von Anfang an mit im Boot sitzen. Dann steht die Situationsanalyse an, für die die üblichen Hilfsmittel zur Verfügung stehen: Benchmarks, Befragungen, SWOT-Analyse, Stakeholder-Analyse etc. Im nächsten Schritt geht es um die Ausarbeitung des Konzepts, inkl. Auswahl der Strategie (Bottom-up, Top-down, Both-directions). TCP-Matrix, Kommunikationsmatrix und Balanced Scorecard (BSC) als Instrumente infrage. Anschließend kommt der entscheidende Schritt der Implementierung. Klare Zeitvorgaben sind ebenso wichtig wie regelmäßiger Austausch über den Fortschritt und etwaige Probleme. Alle Veränderungen müssen ausführlich kommuniziert werden, zusätzlich sollte es einen Zuständigen für Fragen jedweder Art geben. Der letzte Schritt beinhaltet die Kontrolle, hier wird geprüft, ob Nachjustierungen nötig sind.

Nach Kurt Lewin gliedert sich ein Veränderungsprozess in folgende drei Phasen:

- **Phase 1: Unfreezing**

  Die erste Phase wird als „Unfreezing" oder „Auftauen" bezeichnet. In dieser Phase muss das Kräftegleichgewicht zugunsten der antreibenden Kräfte verlagert werden. Es geht darum, eine grundsätzliche Bereitschaft für den Wandel zu schaffen. Dies erfolgt durch offene Kommunikation, die insbesondere die Frage klärt, warum Veränderungen überhaupt nötig sind. In dieser Phase ist es zwingend notwendig, dass alle Vorteile der Veränderung strukturiert und klar an die Mitarbeiter und den sonstigen involvierten Stakeholder kommuniziert werden. Ebenso müssen die Konsequenzen erläutert werden, wenn der Change bzw. die Veränderung nicht implementiert wird (Volk 2018). Das obere Management und das Lieferantenmanagement haben hier eine zentrale Rolle in der Kommunikation nach innen und außen (Helmold et al. 2022).

- **Phase 2: Changing**

  In der zweiten Phase kommt es zur Implementierung der Veränderungen. Die Leistungskurve des Betriebs sinkt in dieser Phase vorerst ab. Unternehmer und Manager müssen sich darüber im Klaren sein, dass dieser Leistungsabfall Teil des Veränderungsprozesses ist. Die Mitarbeiter müssen sich erst einmal den neuen Gegebenheiten anpassen, was eine gewisse „Einarbeitungszeit" benötigt. In dieser Phase müssen auch die letzten Widerständler überzeugt werden. Der Leistungsabfall ist aber zu beeinflussen: In dieser Phase zahlt sich aus, inwieweit die vorherige Kommunikation ein Erfolg war. Je besser die Mitarbeiter über den Veränderungsprozess informiert sind, desto weniger Fragen bleiben offen – folglich geht die Annahme der neuen Gegebenheiten und die Anerkennung als Vorteil umso schneller.

Bild 15.2
Change Management nach Kurt Lewin

- **Phase 3: Refreezing**

  In der dritten Phase muss das kontinuierliche Leistungsniveau wiederhergestellt werden. Dieses Leistungsniveau sollte höher liegen als noch vor der Veränderung. Je nachdem, was verändert wurde, neigen Mitarbeiter und auch Führungskräfte dazu, in alte Muster und Arbeitsweisen zurückzufallen. Damit das nicht passiert ist eine fortführende Ist-Analyse unabdingbar. Veränderungen sind erst stabil umgesetzt, wenn sie auch im Unterbewusstsein angenommen werden, wenn sie Teil des Alltags sind und keine besondere Beachtung mehr verlangen.

Change Management muss fachlich einwandfrei sein. Planung und Umsetzung sollten keine Unstimmigkeiten enthalten. Aber wer dem Faktor Mensch von Anfang an die höchste Priorität verleiht, sprich Meinungen einholt, Umfragen macht, für Fragen der Mitarbeiter offensteht, transparent ist, mindert das Risiko Fehler zu machen. Transparenz funktioniert als Kontrollorgan. Wenn es Unstimmigkeiten gibt, kommen diese bei offener Kommunikation durch Nachfragen zutage. Außerdem führt die Kommunikation dazu, Abläufe wieder und wieder durchzugehen, was wiederum Fehler aufdecken kann.

15.1.2 Veränderungskurve nach Kübler-Ross

Die drei Phasen nach Lewin korrelieren mit dem emotionalen Prozess, der bei Veränderungen in jedem einzelnen abläuft. Die Veränderungskurve in Bild 15.3 von Kübler-Ross beschreibt dieses emotionale Erleben von Menschen in sieben Stufen (Kübler-Ross & Kessler 2005). Bild 15.3 gibt einen Überblick; auf der X-Achse ist die Zeit aufgetragen, auf der Y-Achse die Veränderungsbereitschaft der betroffenen Personen.

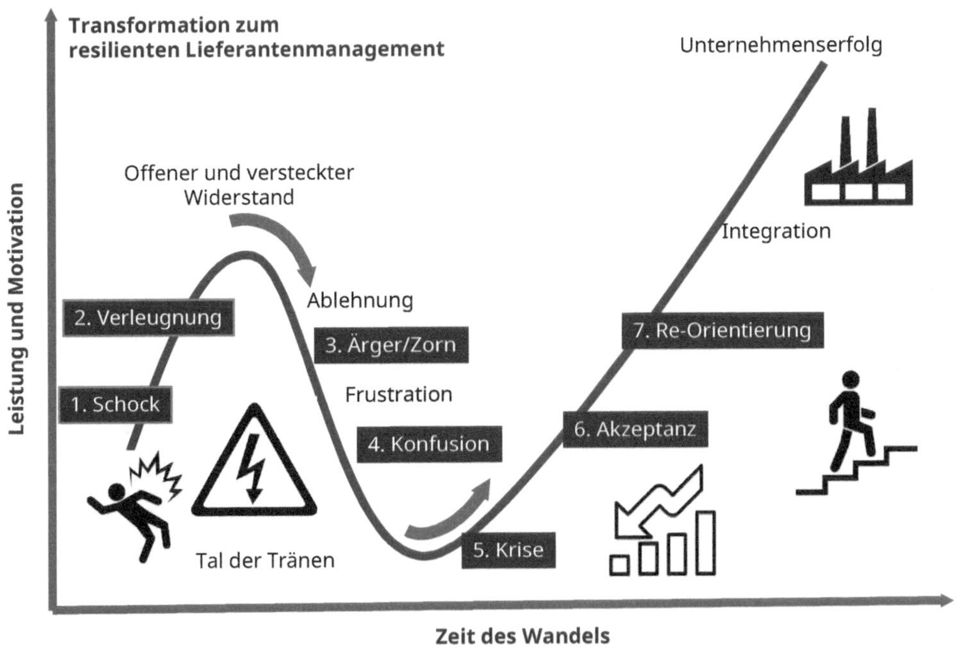

Bild 15.3 Change Management nach Kübler-Ross

Nachstehend die Phasen, die ein Mensch auf der emotionalen Ebene erlebt, wenn er mit einer Veränderung konfrontiert ist:

1. **Schock**

   Am Anfang steht meist eine negative Vorahnung, die plötzlich real wird. Die Folge ist erst einmal ein Schock. Veränderung ist emotional immer ein Schock. Die Schwere des Schocks ist davon abhängig, welche Auswirkungen eine Veränderung für den Betroffenen mit sich bringt. Der Mensch ist und bleibt ein Gewohnheitstier.

2. **Verleugnung**

   Auf den Schock folgt eine heftige Abwehrreaktion. Die betroffenen Mitarbeiter wollen nämlich zeigen, dass alles gut ist, wie es ist. Damit verbunden ist immer auch ein Stück Verdrängung: „Davon bin ich sicherlich nicht betroffen, das geht nur die Anderen etwas an." Diese Verneinung ist eine völlig normale Reaktion.

3. **Ärger/Zorn**

   Nach erstem Schock und typischer Verneinung folgt Ärger und Zorn. In dieser Phase sind die Veränderungen meist mit Ablehnung und Widerstand verbunden. In schlimmen Fällen kann der Ärger sogar zu Depressionen führen.

4. **Konfusion**

   Nach Ärger und Zorn folgen Frustration und Verwirrung. In dieser Phase nimmt die Leistung stark ab und führt in die unausweichliche Krise.

5. **Krise**

   In dieser Phase ist es nicht möglich, etwas bewegen zu wollen. Die Veränderungsbereitschaft ist am Boden angelangt. Als Führungskraft gilt es, Feingefühl walten zu lassen, um die Mitarbeiter nicht zu überfordern.

6. **Akzeptanz**

   Der Trauer folgt ein innerlicher Abschied des Alten, der mit der Akzeptanz des Wandels verbunden ist: „Ja, ich lasse das Alte los - es ist aus und vorbei - ich muss mich mit den neuen Gegebenheiten auseinandersetzen." Auf rationaler, nicht emotionaler, Ebene wird die Entscheidung zur Veränderung akzeptiert. Auch hier hat es keinen Sinn, wenn die Führungskraft versucht, von außen zu motivieren. Die Veränderungsbereitschaft ist nach wie vor im Keller.

7. **Re-Orientierung**

   Ich stelle mich langsam auf die neue Situation ein. Die Akzeptanz der neuen Situation auf emotionaler Ebene tritt ein. Die Veränderungsbereitschaft erhöht sich langsam. Nun ist es als Führungskraft an der Zeit, Perspektiven aufzuzeigen. Die Energie ist jetzt sinnvoll investiert. Davor ist es nicht machbar, in die Zukunft zu blicken. Ich versuche, mich mit den neuen Gegebenheiten anzufreunden. Vielleicht hat die Veränderung auch ihr Gutes. Einfach mal probieren, wie es mir damit geht. Warum nicht? Rückschläge, aber auch Erfolge gehören mit dazu. Das Einfinden in der neuen Rolle oder Position beginnt. Ich habe mich mit der neuen Situation vertraut gemacht. Vielleicht mit der neuen Rolle oder Organisationsstruktur. Die veränderte Situation ist zur Normalität geworden. Nun gilt es, sich einzuschwingen, damit in Zukunft alles glatt läuft und Stabilität einkehren kann ... bis zur nächsten Veränderung!

15.1.3 Acht-Stufen-Modell nach Kotter

Das Modell nach P. Kotter zeigt, wie mit den unterschiedlichen Phasen und den emotionalen Befindlichkeiten umgegangen werden kann. Kotter hat in seinem Buch „Leading Change“ ein Acht-Stufen-Modell für den erfolgreichen organisatorischen Wandel dargestellt, das er seither stetig weiter verfeinert hat und das heute vielfach erfolgreich eingesetzt wird. Dieses Acht-Stufen-Modell stellt einen ganzheitlichen Ansatz für die Umsetzung tiefgreifenden und nachhaltigen Wandels dar (Bild 15.4). Kotter weist darauf hin, dass alle acht Stufen komplett und in der vorgegebenen Reihenfolge durchlaufen werden müssen: „Das Überspringen einzelner Schritte schafft lediglich die Illusion von raschem Fortschritt und führt nie zu einem befriedigenden Resultat“ (1997). Die acht Schritte lassen sich in drei Phasen einteilen: das Schaffen eines Klimas für Veränderungen (Schritte 1 bis 3), die Einbindung und das Empowerment der gesamten Organisation (Schritte 4 bis 6) und die nachhaltige Umsetzung des Wandels (Schritte 7 bis 8).

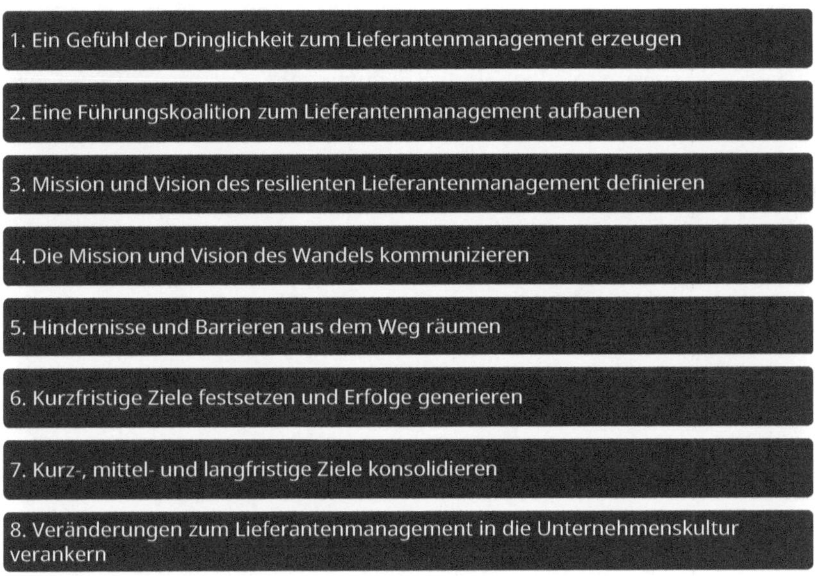

Bild 15.4 Change Management nach Kotter

Die strategische Transformation des Lieferantenmanagements als zentrale Funktion im Unternehmen bewirkt gewaltige Veränderungen in den Aufgaben und den Prozessen. Somit sind die Rollen, die Kompetenzen, ebenso die Einstellungen der Mitarbeiter und in Folge die Sozialstrukturen im Unternehmen zu entwickeln (Beschaffung aktuell 2020). Das Modell von Kotter eignet sich in acht Schritten sehr gut für den Ablauf der Transformation und des Change-Projekts (Heß & Laschinger 2019).

Schritt 1: Entwicklung eines Gefühls der Dringlichkeit

Grundvoraussetzung für die erfolgreiche Umsetzung von Transformationsvorhaben ist, dass die Mehrheit der Mitarbeiter hinter den angestrebten Veränderungen steht und diese aktiv unterstützt. Daher sollte der erste Schritt des Change Managements stets darin bestehen, die Mitarbeiter von der Notwendigkeit und Dringlichkeit der Veränderungen zu überzeugen. Das ist alles andere als eine leichte Aufgabe. Dies gilt umso mehr für Unternehmen, die in der Vergangenheit sehr erfolgreich waren. Denn Selbstgefälligkeit ist einer der größten Hemmschuhe für Wandel. Kotter warnt aber auch vor falsch verstandener Dringlichkeit, die aus Angst oder Wut herrührt und sich in unkoordiniertem Aktionismus zeigt. Worauf es ankommt, ist vielmehr, sich auf das Wesentliche zu konzentrieren, und zwar kontinuierlich, jeden Tag aufs Neue. Dringlichkeit ist damit nicht nur der Zünder, sondern auch der Motor von Transformationsprozessen.

Um ein Gefühl für Dringlichkeit unter den Mitarbeitern zu erzeugen, empfiehlt Kotter, ihnen die potenziellen Chancen und Risiken, die sich aus dem Unternehmensumfeld ergeben, aufzuzeigen. Dabei sollte nicht nur an den Verstand der Mitarbeiter, sondern vor allem auch an deren Emotionen appelliert werden. „Sehen-Fühlen-Verändern“, so lautet Kotters Motto. Hierzu kann es hilfreich sein, Außenstehende wie Unternehmensberater, Investoren oder Kunden hinzuzuziehen, die den Mitarbeitern dabei helfen, die Dinge aus einem anderen Blickwinkel zu betrachten.

Schritt 2: Erstellung der Führungskoalition

Der nächste wichtige Schritt für die erfolgreiche Implementierung von Change-Initiativen ist die Zusammenstellung einer starken Führungskoalition, welche die gesamte Organisation repräsentiert. Um effektiv agieren zu können, sollte dieses Team über ausreichend Machtbefugnisse, Glaubwürdigkeit, Sachkenntnis und Führungsqualitäten verfügen und gemeinsame Ziele innerhalb des Veränderungsprozesses verfolgen. Gegenseitiges Vertrauen der Teammitglieder untereinander ist ebenfalls ein entscheidender Erfolgsfaktor. Dieses lässt sich beispielsweise durch regelmäßige Offsite-Aktivitäten (außergewöhnliche Teamevents) stärken.

Schritt 3: Eine Vision des Wandels entwickeln

Aufgabe des Führungsteams ist es nun, eine Vision für die Zukunft zu entwickeln. Eine klar formulierte Vision erfüllt nach Kotter drei wichtige Funktionen. Sie dient als Entscheidungsgrundlage, sie motiviert Menschen, in die richtige Richtung aktiv zu werden, selbst wenn die ersten Schritte dorthin beschwerlich sind, und sie hilft, die Handlungen der einzelnen Abteilungen und Mitarbeiter schnell und effizient zu koordinieren. Die Vision wirkt sinnstiftend auf die Mitarbeiter und ist sozusagen der „Klebstoff, der alles zusammenhält". Kotter macht sechs Schlüsselmerkmale effektiver Visionen aus:

- Vorstellbar: Sie erzeugen ein klares Bild, wie die Zukunft aussehen wird
- Erstrebenswert: Sie sprechen die langfristigen Interessen aller Beteiligten an
- Machbar: Sie enthalten realistische und erreichbare Ziele
- Fokussiert: Sie sind klar genug formuliert, um als Entscheidungshilfe zu dienen
- Flexibel: Sie ermöglichen individuellen Einsatz und alternatives Handeln, wenn sich die Gegebenheiten verändern
- Vermittelbar: Sie sind leicht zu kommunizieren und schnell zu erklären

Schritt 4: Die Vision des Wandels kommunizieren

Als Nächstes gilt es, die im vorangegangenen Schritt entwickelte Vision in der gesamten Organisation zu verbreiten, mit dem Ziel, die Akzeptanz und das Engagement der Mitarbeiter zu gewinnen. Der Aufwand, der hierfür nötig ist, wird von den meisten Unternehmen völlig unterschätzt, so Kotter. Er rät dazu, die Botschaft auf allen zur Verfügung stehenden Kommunikationskanälen kontinuierlich zu propagieren und bezüglich der Methodenauswahl eine gewisse Experimentierfreude an den Tag zu legen. Storytelling beispielsweise, ist eine exzellente Art, einer Vision Leben einzuhauchen und diese für jedermann begreiflich zu machen.

Den Worten müssen allerdings auch Taten folgen. Die Führungskoalition sollte daher stets mit gutem Beispiel vorangehen und ihre Verhaltensweisen entsprechend der neuen Vision und Strategie anpassen. Dadurch wird mögliches Misstrauen abgebaut und die Motivation und Kooperationsbereitschaft der Mitarbeiter gefördert.

Schritt 5: Hindernisse aus dem Weg räumen

Akzeptanz und Veränderungswille innerhalb der Belegschaft allein reichen jedoch nicht aus, um Wandel erfolgreich voranzutreiben. Es müssen auch die innerbetrieblichen Strukturen und Systeme an die Anforderungen der neuen Vision und Strategie angepasst werden, um die Mitarbeiter handlungsfähig zu machen. Neben den Personalsystemen spielen hierbei insbesondere die Informationssysteme eine wichtige Rolle, wie Kotter betont. Der Zugriff zu aktuellen Wettbewerbs- und Marktinformationen und der reibungslose abteilungsübergreifende Informationsaustausch sind Voraussetzung dafür, dass die Mitarbeiter ihre Arbeit so effizient wie möglich erledigen können.

Schritt 6: Kurzfristige Ziele festsetzen

Große, langfristig angelegte Veränderungsprojekte verlieren häufig schon im Anfangsstadium an Fahrt. Um die Motivation und das Bewusstsein für Dringlichkeit aller Beteiligten aufrecht zu halten, sollten daher kurzfristige Ziele geplant und bei Erreichen entsprechend gewürdigt werden. Schnelle Erfolge haben zudem den positiven Effekt, dass sie Kritikern und Zynikern den Wind aus den Segeln nehmen. Studien zeigen, dass Unternehmen, die signifikante kurzfristige Erfolge einfahren, mit deutlich höherer Wahrscheinlichkeit den Transformationsprozess erfolgreich zum Abschluss bringen.

Schritt 7: Erfolge konsolidieren und weitere Veränderungen ableiten

Kurzfristige Erfolge sollten jedoch in keinem Fall dazu verleiten, sich auf den gewonnenen Lorbeeren auszuruhen oder gar frühzeitig das gesamte Vorhaben als Erfolg zu verbuchen. Es gilt vielmehr, die durch die kurzfristigen Erfolge geschaffene Glaubwürdigkeit nun gezielt zu nutzen, um weitere und größere Veränderungsprojekte in Angriff zu nehmen. Zu diesem Zweck sollten weitere Personengruppen in den Veränderungsprozess involviert werden. Gleichzeitig sollte die Führungskoalition dafür Sorge tragen, die Dringlichkeit, die Transparenz und den Fokus aufrechtzuhalten.

Schritt 8: Veränderungen in der Unternehmenskultur verankern

Zu guter Letzt müssen die neuen Verhaltensnormen und gemeinsame Werte tief in die Unternehmenskultur verankert werden. Anderenfalls besteht die Gefahr, dass sie wieder verloren gehen, sobald der Änderungsdruck abnimmt. Um Nachhaltigkeit zu bewirken, empfiehlt Kotter, regelmäßig zu kommunizieren, wie die neuen Ansätze, Verhaltensweise und Einstellungen die Gesamtperformance des Unternehmens beeinflusst haben. Darüber hinaus sollte sichergestellt werden, dass neue Mitarbeiter und aufstrebende Führungskräfte an die neue Ausrichtung glauben und diese nach außen hin verkörpern. Tiefgreifende Transformationsprozesse verlangen Unternehmen viel ab.

Kotters Acht-Stufen-Modell bietet eine solide Checkliste für die meisten Dinge, die es während eines solchen Prozesses zu beachten gilt. Wichtige Voraussetzungen für jeden einzelnen Schritt sind dabei die Steuerung durch Führungskräfte, ein Gefühl für Dringlichkeit, offener Informationsaustausch und die fortlaufende Kommunikation auf allen Ebenen.

Das Acht-Phasen-Modell von Kotter ist ein geeignetes Modell für die Praxis, um Veränderungen in Unternehmen erfolgreich umzusetzen.

15.1.4 Unterschiedliche Änderungsbereitschaft

Change Management ist ein systematischer Ansatz für den Umgang mit dem Übergang von einem Ziel, Kultur, Prozesse, Struktur oder die Technologie eines Unternehmens zu verändern. Das Ziel des Änderungsmanagements besteht darin, Strategien zur Bewältigung und Steuerung des Wandels und zur Unterstützung der Partner, Kunden und Mitarbeiter bei der Anpassung an diesen umzusetzen. Zu solchen Strategien gehören ein strukturiertes Verfahren für die Anfrage nach Änderungen bei der Geschäftsleitung sowie Mechanismen für die Reaktion auf Anfragen und deren Weiterverfolgung. Um wirksam zu sein, muss der Prozess für das Änderungsmanagement berücksichtigen, wie sich das Ändern oder Ersetzen bestimmter Vorgänge im Unternehmen auf andere Prozesse, Systeme und Mitarbeiter innerhalb der Organisation auswirkt. Änderungsprozesse müssen von Menschen, den Führungskräften, der Mitarbeiter und Interessenvertreter, geführt und begleitet werden. Bei Änderungen und einem Wandel gibt es daher immer unterschiedliche Persönlichkeiten, die Änderungen positiv oder negativ gegenüberstehen:

- **Visionäre und Missionare**

  Visionäre und Missionare sind ihrer Zukunft voraus und tragen eine Vision mit sich. Das Lean Management und die Transformation zu einem schlanken, zukunftsorientierten und innovativen Unternehmen sind die Antreiber von Visionären und Missionaren. Das schlanke Unternehmen umschreibt somit eine leistungsorientierte, exzellente, effiziente und sich stets selbstoptimierende Organisation, in welcher sämtliche Prozesse am Kunden ausgerichtet werden, um so nicht-wertschöpfende Aktivitäten zu eliminieren. Visionäre und Missionare können andere für ihre Ideen, Werte und Leitbilder begeistern.

- **Pioniere**

  Pioniere sind Wegbereiter und stellen eine wichtige Gruppe für die Transformation zum Lean Management dar. Pioniere sind meist Spezialisten im Lean Management, die durch Ihre Erfahrung Lean Managementprojekte leiten und umsetzen können. Pioniere werden außerdem für Schulungen eingesetzt. Pioniere habe eine sehr hohe Bereitschaft zum Wandel und treiben diesen an.

- **Aktive Unterstützer**

  Aktive Unterstützer sind Mitarbeiter, die an die Transformation zu einem schlanken Unternehmen glauben. Unterstützer sind hilfreich bei der Transformation und helfen, die Motivation zu fördern. Unterstützer sind dem Wandel positiv aufgeschlossen und arbeiten aktiv bei Projekten mit.

- **Opportunisten**

  Opportunisten sind Mitarbeiter und Personen, die zweckmäßig handeln, um sich der jeweiligen Lage anzupassen und einen Vorteil daraus zu ziehen. Opportunismus wird häufig mit politischem und sozialem Bezug als grundsatz-

oder charakterloses Verhalten beschrieben. Obwohl diese Personen von dem Wandel nicht überzeugt sind, unterstützen sie den Veränderungsprozess und arbeiten an Projekten mit.

- **Abwartende**

  Abwartende benehmen sich eher zurückhaltend und verharren in ihrer Position. Abwartende verschaffen sich Zeit und treffen keine sofortige Entscheidung, ob sie dem Wandel unterstützen oder blockieren. Die Unschlüssigkeit kann durch Change Manager gebrochen werden, in dem man die Vorteile der Veränderung aufzeigt und Abwartende mit ins Boot holt.

- **Untergrundkämpfer**

  Untergrundkämpfer sind Bedenkenträger, die den Wandel nicht gutheißen und somit nicht unterstützen. Untergrundkämpfer agieren im Verborgenen und sabotieren den Wandel. Untergrundkämpfer behindern die Transformation zum Lean Management mit verdecktem oder latentem Widerstand. In diesem Zusammenhang hat der Widerstand ausübende Mitarbeiter üblicherweise kein Interesse daran, erkannt zu werden. Aus persönlichen oder taktischen Gründen agieren sie aus dem Verborgenen heraus. Ihre Interessen sind meist destruktiver Natur, das heißt, sie wollen etwas verhindern ohne als die Verursacher erkannt zu werden. In vielen Fällen ist es paradoxerweise den Widerstand leistenden Personen noch nicht einmal bewusst, dass sie Widerstand leisten. Dadurch wird der Umgang mit dieser Form des Widerstands zusätzlich erschwert. Wird der verdeckte Widerstand nicht rechtzeitig erkannt, entstehen leicht tickende Zeitbomben, die sich in ihrer Zerstörungskraft mit der Zeit immer weiter aufladen und Veränderungsprozesse, wie auch Projekte scheitern lassen können. Symptome und Ausprägungen des verdeckten Widerstands lassen sich in der praktischen Projektarbeit häufig und in vielfachen Ausprägungen beobachten:

Anzeichen von Widerstand bei Änderungen und Projekten

- Sich häufende Abwesenheit, die nicht konkret nachvollziehbar ist oder aus vorgeschobenen Gründen bis hin zu steigender Krankheitsquote
- Sich unwissender stellen als man ist
- Sich häufende Fragen zu unwichtigen Themen
- Wiederholtes Infragestellen bereits getroffener Entscheidungen
- Ausweichen auf konkrete Aufforderungen, etwas zu tun oder zu lassen
- Zunehmende Rückdelegation bereits angenommener Aufgaben
- Das Aussitzen von Problemen
- Hektischer Aktionismus in unwesentlichen Bereichen
- Das Einfordern von maximaler Einbeziehung von unwesentlichen Stakeholdern
- Das Schweigen an Stellen, an denen Kommunikation angesagt wäre

- Das Fernbleiben von wichtigen Zusammentreffen bzw. das Entsenden nicht entscheidungsbefugter Vertreter
- Die Forderung nach perfekten Lösungen
- Die Forderung, dass andere sich zuerst bewegen
- Die ausgiebige Betrachtung und Diskussion von Sonderfällen
- Das grundsätzliche Zustimmen bei gleichzeitiger Anmeldung von Vorbehalten, die später geklärt werden sollen

Eindeutig zu diagnostizieren sind verdeckter oder latenter Widerstand nur in besonders ausgeprägten Fällen, da einzelne Symptome durchaus auch andere Ursachen haben können.

- **Offene Widerständler**

  Offener Widerstand zeichnet sich dadurch aus, dass er von den Widerstand ausübenden Personen bewusst ausgeübt wird und diese damit auch ein Ziel verbinden. Darüber hinaus legen es die Widerstand ausübenden Personen bewusst darauf an, dass ihr Widerstand als solcher wahrgenommen und ihnen auch zugeordnet werden kann. Sie tun dies meist aus einer Position, der sie selber eine relative Machtfülle beimessen. Dieser offene Widerstand hat deshalb den Vorteil, dass er Gegenstand von Lieferantenmanagement und Bearbeitung sein kann, die Karten liegen gewissermaßen auf dem Tisch. Ausprägungen des offenen Widerstands können sein:

  - Offener Widerspruch ohne Angabe von Gründen
  - Offene Kritik und/oder Beschwerden ohne Grundlage
  - Offene Interventionen oder Aktivitäten, die sich gegen das geplante Vorhaben richten

  Üblicherweise liegen diesem offenen Widerstand rationale Ursachen zugrunde, die sich mit den Betroffenen besprechen lassen und an deren Überwindung alle Beteiligten ein Interesse haben. Diese Form des Widerstands ist meist konstruktiv, so dass der Umgang mit offenem Widerstand möglich ist.

- **Emigranten**

  Emigranten sind Personen, die dem Wandel kritisch gegenüberstehen und sich aus der Gruppe entfernen. Emigranten haben sich nachhaltig dafür entschieden, dass sie die Veränderungen nicht mitmachen wollen. Emigranten sollten umgehend aus dem Unternehmen entfernt werden.

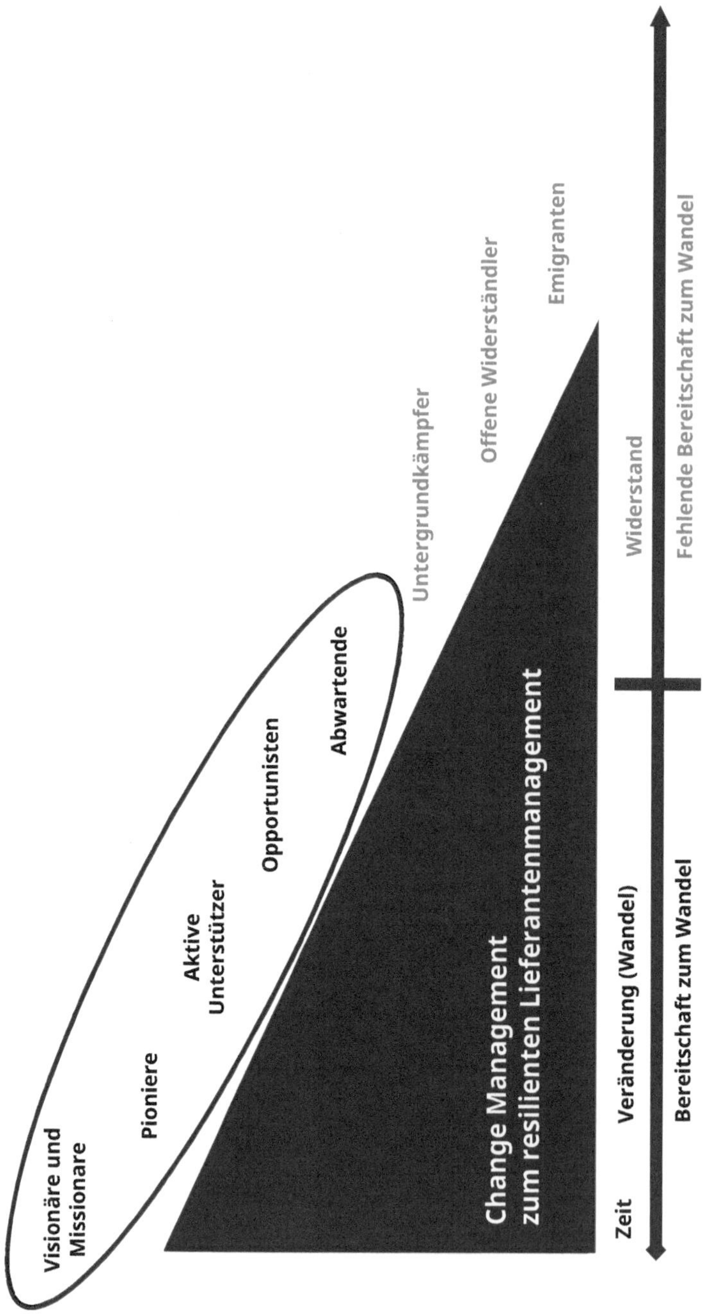

Bild 15.5 Persönlichkeiten im Change Management

Im Prozess der Transformation zu einem innovativen Lieferantenmanagement gilt es, die Mitarbeiter zu erkennen, die dem Wandel positiv gegenüberstehen. Ferner ist es ratsam, sich von Mitarbeitern und Stakeholdern zu trennen, die eine fehlende Bereitschaft zum Wandel zeigen.

15.1.5 Strategien für den Umgang mit Widerstand

Erste Strategie: interne Stakeholdergruppen und Persönlichkeiten analysieren

Als erste Strategie empfiehlt sich die Identifizierung von Interessengruppen und den jeweiligen Motiven in den unterschiedlichen Gruppen. Auf diese Weise kann man gezielt auf Stakeholder zugehen und diese überzeugen.

Zweite Strategie: die Hintergründe des Projekts offen erklären

Kommunikation ist ein erfolgsversprechendes Mittel, mit dem Hintergründe, Abläufe oder Erfolgsfaktoren im Change Management erklärt werden können. Eine offene Kommunikation zwischen Führungskräften, Change Managern und Mitarbeitern ist wichtig.

Dritte Strategie: mit Opponenten richtig umgehen

Widerstand und Gegenwehr kommen in allen Änderungsprojekten vor. Sollte man Gegner nicht auf seine Seite ziehen können, so muss man sich von diesen im Notfall trennen.

Vierte Strategie: Gutes bewahren und weiterentwickeln

Gute Dinge aus der Vergangenheit sollten bewahrt werden. Entscheidend für den Erfolg von Change Management-Projekten ist unter anderem, inwieweit die Beschäftigten eingebunden werden (Both-Directions-Ansatz), wie bisherige Change-Prozesse abliefen und ob die Balance zwischen Gutes bewahren und Neues wagen gelingt.

Fünfte Strategie: das „Tal der Tränen" bewusstmachen

Bei Veränderungsprozessen sollten Einschnitte, Krisen oder negative Aspekte in Zusammenhang mit dem Tal der Tränen klar kommuniziert werden. Diese Phase, die auch als das Tal der Tränen der Change-Kurve bekannt ist, kennzeichnet den Wendepunkt im Veränderungsprozess. Die Betroffenen merken, dass kein Weg daran vorbeiführt, sich von alten Gewohnheiten zu verabschieden und sich auf die neue Realität einzustellen.

Sechste Strategie: individuell informieren

Führungskräfte und Change Manager müssen individuell informieren. Frühzeitige, transparente und regelmäßige Kommunikation beugt Spekulationen und Gerüchten vor, signalisiert, dass dem Unternehmen die Sorgen und Ängste der Mitarbeiter wichtig sind, und vermittelt Dringlichkeit, Visionen, Fortschritte und Entscheidungen.

Siebte Strategie: Änderung nachhaltig umsetzen und Erfolgskontrolle

Unternehmen müssen ihre Änderungsvorhaben nachhaltig umsetzten und den Erfolg der avisierten Veränderungen kontrollieren und messen. Die Umsetzung der Nachhaltigkeit ist die Aufgabe der Change Manager.

> Change Management spielt eine zentrale Rolle in einem modernen Lieferantenmanagement. Beteiligen Sie die Mitarbeiter an Veränderungsprozessen, sprechen Sie sie in individuellen Gesprächen an und beantworten Sie alle aufkommenden Fragen. Zeigen Sie Empathie. Sie müssen die Mitarbeiter nicht nur mit Informationen versorgen, sondern auch auf der emotionalen Ebene erreichen.

15.2 Umsetzung starten mit Projektmanagement

15.2.1 Projektkriterien

Ein Projekt ist ein zielgerichtetes, einmaliges Vorhaben, das aus einem Satz von abgestimmten, gesteuerten Tätigkeiten bestehen und durchgeführt werden kann, um unter Berücksichtigung von Vorgaben wie etwa Zeit, Ressourcen und Qualität ein Ziel zu erreichen. Tabelle 15.1 zeigt die Projektkriterien auf. Projekte haben bestimmte Merkmale wie Zielvorgabe, zeitliche Begrenzung, begrenzte Ressourcen, projektspezifische Organisationsform, Neuartigkeit und Einmaligkeit sowie Komplexität. Leadership in Projekten gestaltet sich meist interdisziplinär mit Mitarbeitern aus unterschiedlichen Funktionsbereichen.

Tabelle 15.1 Projektkriterien

Kriterien	Beschreibung
Zeitliche Begrenzung	Projekte sind zeitlich begrenzt, das bedeutet sowohl Anfang als auch Ende sind terminlich definiert.
Einmaligkeit	Projekte sind einmalig, sie eignen sich nicht zur Reproduktion bereits vorhandener Dinge (dazu eignet sich Prozessmanagement wesentlich besser).
Ressourcenknappheit	Projekte sind mit begrenzten Ressourcen ausgestattet.
Zielvorgaben	Projekte verfolgen ein klar spezifiziertes und positiv formuliertes Ziel.
Organisation	Projekte erfordern eine eigene Projektmanagementorganisation.
Risiken	Projekte implizieren das Risiko von Abweichungen und des Scheiterns.

Kriterien	Beschreibung
Interdisziplinarität	Projekte arbeiten interdisziplinär und bereichsübergreifend.
Neuartigkeit	Projekte betreten Neuland. Sie verwirklichen Lösungen, die es in der angestrebten Form noch nicht gibt.
Projektphasen	Projekte werden in bestimmten Phasen abgewickelt.
Projektverhandlungen	Projekte beinhalten interne und externe Verhandlungen.

Projekte bestehen aus mehreren Phasen.

- Initiierung: Die Grundlagen des Projekts (Problemstellung, Kundenanforderungen, Ideen, Probleme, Ziele etc.) werden gesammelt, analysiert, geplant und in Form eines Projektauftrags dokumentiert. Dieser bildet die Entscheidungsgrundlage für den Projektauftraggeber (PAG).
- Planung: Wenn das Projekt offiziell gestartet ist, konkretisiert das Projektteam in der Planung die Projektinhalte (Ziele, Aufgaben, Risiken etc.).
- Durchführung und Controlling: Sobald die Planung einen ausreichenden Detaillierungsgrad erreicht hat, wird mit der Umsetzung begonnen. Parallel dazu steuert und überwacht der Projektmanager den Projektverlauf.
- Abschluss: Ein Projekt sollte genauso systematisch beendet werden, wie es begonnen wird. Erfahrungswerte (Lessons Learned) gehören kritisch reflektiert. Die Projektergebnisse müssen entsprechend evaluiert werden (on scope, on budget, on time?). Die Ergebnisse des Projektabschlusses sind in einem kurzen Abschlussbericht zu dokumentieren.
- Nachprojektphase: In der Nachprojektphase werden die Projektergebnisse genutzt. Oft ist es wichtig und ratsam, auch die Verantwortlichkeiten für die Nachprojektphase klar zu definieren.

Idealerweise setzt sich das Projektteam interdisziplinär zusammen z. B. aus unterschiedlichen Funktionen wie Beschaffung, Produktion, Marketing, Qualitätswesen, Finanzen oder Personalwesen. Vorteile einer Projektorganisation sind:

- Kurze Entscheidungswege durch Ko-Allokation
- Vertretung aller Funktionen
- Operative Ausrichtung führt zu schnellen Entscheidungen zur Umsetzung von Maßnahmen
- Projektspezifische Materialbudgets schaffen Transparenz über die realen Einkaufskosten für alle Produkte
- Gruppendynamische Vorteile durch Zusammenarbeit aller Bereiche (kein „Silodenken“ bzw. autonomes Denken von Abteilungen oder Funktionen, sondern gemeinsames Projektdenken)

Für Lieferantenentwicklungsprojekte ist es ratsam, einen Projektauftrag (siehe Downloadbereich) anzufertigen, in denen Projektmitglieder, Ziele und Meilensteine klar definiert werden.

15.2.2 Erfolgsfaktoren in Projekten

Das Projektmanagementhandbuch definiert Schlüsselkriterien und Erfolgsfaktoren wie Qualität, Kosten oder Lieferleistungen (QKL) für das Steuern und Lenken von Projekten (PM 2018). Diese Kriterien umfassen insgesamt neun Kategorien, die für den erfolgreichen Projektabschluss berücksichtigt werden müssen:

- **Integrationsmanagement**

  Das Integrationsmanagement im Projektmanagement beschreibt die Abläufe und Prozesse, die für eine gute Koordinierung und Integration der unterschiedlichen Aktivitäten eines Projekts erforderlich sind. Es umfasst die Projektplanentwicklung, die Projektplandurchführung und das Änderungswesen.

- **Umfangs- und Leistungsmanagement**

  Das Projektumfangsmanagement befasst sich mit der laufenden Planung und Kontrolle des Leistungsfortschritts im Projekt. Im Rahmen des Umfangsmanagements wird in regelmäßigen Abständen überprüft, ob sich das Projekt innerhalb der im Projektauftrag definierten Ziele befindet oder ob es Abweichungen gibt. Zum Projektumfangsmanagement gehören die Projektinitiierung, die Inhalts- und Umfangsplanung, die Leistungsdefinition, die Leistungsverifizierung sowie die Leistungskontrolle.

- **Zeit- und Terminmanagement**

  Das Zeit- und Terminmanagement soll sicherstellen, dass ein Projekt termingerecht fertiggestellt wird. Zum Zeit- und Terminmanagement gehören Vorgangsdefinition, Festlegung der Vorgangsfolgen, Vorgangsdauerschätzung, Terminplanentwicklung und Terminplanüberwachung.

- **Kostenmanagement**

  Das Kostenmanagement beschreibt alle erforderlichen Prozesse, die sicherstellen sollen, dass das Projekt im geplanten und genehmigten Kostenrahmen fertiggestellt wird. Zum Kostenmanagement gehören Einsatzmittelplanung, Kostenschätzung, Budgetierung sowie Kostenüberwachung.

- **Qualitätsmanagement**

  Das Qualitätsmanagement in Projekten soll sicherstellen, dass die vom Auftraggeber definierten Qualitätsansprüche eingehalten oder sogar übertroffen werden. Dazu gehören Qualitätsplanung, Qualitätssicherung und Qualitätslenkung.

- **Personalmanagement**

  Die Hauptaufgabe des Personalmanagements ist es, dafür zu sorgen, dass die am Projekt beteiligten Mitarbeiter so effizient wie möglich eingesetzt werden. Dem Personalmanagement können folgende Funktionen und Aufgaben zugeordnet werden: Projektorganisation, Personalakquisition und Teamentwicklung.

- **Kommunikationsmanagement**

  Das Kommunikationsmanagement im Projekt hat zum Ziel, sämtliche Projektinformationen rechtzeitig und angemessen zu erstellen, zu sammeln, zu verbreiten, abzulegen sowie zu definieren. Hierzu gehören der Aufbau eines Informations- und Berichtswesens, die Informationsverteilung, die Fortschrittsermittlung sowie der administrative Abschluss.

- **Risikomanagement**

  Das Risikomanagement beschreibt sämtliche iterativen Prozesse, die notwendig sind, um Projektrisiken festzustellen, zu analysieren und darauf zu reagieren. Hierzu gehören die Risikoidentifizierung, die Risikobewertung, die Entwicklung von Maßnahmen zur Risikobewältigung sowie die Risikoverfolgung.

- **Beschaffungsmanagement**

  Das Wissensfeld Beschaffungsmanagement beinhaltet die Beschaffung von Waren und Leistungen außerhalb der Organisation sowie die dazugehörige Vertragsgestaltung. In diesen Bereich fallen Beschaffungsvorbereitung, Angebotsvorbereitung, Einholen von Angeboten, Lieferantenauswahl, Vertragsgestaltung und Vertragserfüllung.

Projekte mit komplexen Zielvorgaben benötigen einen kompetenten Leader als Projektführer oder -manager. Dieser benötigt sowohl harte (z.B. Projektmanagementkompetenzen) als auch weiche Fähigkeiten (z.B. emotionale Intelligenz), um im Innen- und Außenverhältnis zu überzeugen. Neben einem guten und nachhaltigen Verhältnis zur Führungsebene ist eine der Schlüsselkomponenten von Projektmanagern, ein Team erfolgreich zu führen. Projektmanager müssen ihre Mitarbeiter dahin auswählen, dass es eine gesunde Mischung zwischen Fachwissen und Sozialkompetenz gibt. Projekte sollten durch einen robusten Projektauftrag projektiert werden, in dem Leistungsparameter klar definiert und terminiert sind (PM 2018). Zielvorgaben müssen besondere Attribute haben und spezifisch, messbar, akzeptierbar, realistisch und terminiert sein (SMART-Methode – englisch: specific, measurable, achievable, realistic, timely). Nachhaltigkeit sowie eine permanente und regelmäßige Erfolgskontrolle runden die SMART-Ziele ab. Hier empfiehlt sich ein Anreizsystem, so dass Mitarbeiter durch materielle oder immaterielle Vorteile zum Projekterfolg ausreichend motiviert werden. Internationalität und Vielfalt stärken Projektteams und helfen, auch im internationalen Kontext Projekte erfolgreich umzusetzen. Der Einsatz von digitalen Medien unterstützt die Vernetzung, insbesondere über Ländergrenzen und Zeitzonen hinweg. Zuletzt sollten Organisationen den Projektmitgliedern die Rückkehr in die Linienfunktion ermöglichen. Tabelle 15.2 fasst die wichtigsten Empfehlungen für erfolgreiche Projekte zusammen (PM 2018).

Tabelle 15.2 Erfolgskriterien in Projekten

Empfehlungen für ein erfolgreiches Projektmanagement:
Führung und Management
Soziale Kompetenzen und Fachwissen
Projektierung durch Projektauftrag
Zielvorgaben nach SMART-Gesichtspunkten
Nachhaltigkeit bei Projektaktivitäten
Erfolgskontrolle und -validierung
Anreizsystem und Karriereplanung für Projektmitglieder aus der Linienfunktion
Rückführung in die Linienabteilung
Internationalität und Vielfalt
Einsatz digitaler Medien

Der messbare Erfolg ist die zentrale Zielsetzung in Projekten. Projekte müssen interdisziplinär und temporär ausgerichtet werden. Ziele müssen nach der SMART-Methodik gesetzt werden.

Literatur

Helmold, M.: (2018) *Erfolgreiche Verhandlungen und Best-in-Class Empfehlungen für den Verhandlungsdurchbruch*. Manuskript und Workshopunterlagen im Master- und MBA-Studium.

Helmold, M.; Dathe, T.; Büsch, M.: (2017) Praxisbericht aus der Bahnindustrie – Bombardier Transportation. Veränderte Anforderungen durch Global Sourcing, in: *Beschaffung aktuell*. 4.5.2017. Abgerufen am 17.5.2018. *https://beschaffung-aktuell.industrie.de/einkauf/veraenderte-anforderungen-durch-global-sourcing/*.

Obrien, J.: (2016) *Negotiations for Procurement Professionals*. 2nd Edition. Kogan Page, Croyden.

PM: (2018) Abgerufen am 7.7.2018. *http://www.pm-handbuch.com/begriffe/*.

Helmold, M.: (2021) *Leadership and Kaizen. Fundamentals from Cases and Examples in Operations and Supply Chain Management*. Springer, Cham.

Helmold, M.; Dathe, T.; Hummel, F.: (2019) *Erfolgreiche Verhandlungen. Best-in-Class Empfehlungen für den Verhandlungsdurchbruch*. Springer, Wiesbaden.

Helmold, M.; Dathe, T.; Hummel, F.: (2020) *Successful International Negotiations. A Practical Guide for Managing Transactions and Deals*. Springer, Cham.

Helmold, M.; Kucuk Yilmaz, A.; Dathe, T. et al.: (2022) *Supply Chain Risk Management. Cases and Industry Insights*. Springer, Cham.

Helmold, M.; Samara, W.: (2019) *Progress in Performance Management. Industry Insights and Case Studies on Principles, Application Tools, and Practice*. Springer, Heidelberg.

Helmold, M.; Terry, B.: (2021) *Operations and Supply Management 4.0. Industry Insights, Case Studies and Best Practices*. Springer, Cham.

Hiatt, J.: (2006) *DKAR: A Model for Change in Business, Government and Our Community*. Prosci Learning Center Publications, New York.

Hilsenbeck, T.: (2004) *Verhandeln*. Handbuch von Dr. Thomas Hilsenbeck. Retrieved 30.5.2018. *http://www.thomas-hilsenbeck.de/wp-content/uploads/Dr-Th-Hilsenbeck-Handbuch-Verhandeln-Vers-5_0.pdf*.

Kotter, J. P.: (1996) *Leading change*. Harvard Business School Press, Boston.

Kotter, J. P.: (1997) *Chaos, Wandel, Führung: Leading Change*. Econ-Verlag, Düsseldorf.

Kotter, J. P.: (2012) *Leading Change*. Harvard Business Press, Harvard.

Kübler-Ross, E.; Kessler, D.: (2005) *On Grief and Grieving: Finding the Meaning of Grief Through the Five Stages of Loss*. Scribner, New York.

Lauer, T.: (2019) *Change Management. Der Weg zum Ziel*. Springer, Wiesbaden.

Lauer, T.: (2020) *Change Management. Fundamentals and Success Factors*. Springer, Cham.

Vahs, D.: (2019) *Organisation: Ein Lehr- und Managementbuch*. Schäfer Poeschel, Stuttgart.

Volk, H.: (2018) Emotionale Dynamik eines Gespräches verstehen. Was den alltäglichen Wortwechsel entgleiten lässt, in: *Beschaffung aktuell*. 06.2018. S. 70 – 71.

16 Werkzeuge, Tools und schlanke Prinzipien im Lieferantenmanagement

Der Begriff Lieferantenmanagement beschreibt die systematische Steuerung der Beziehung zwischen einem Unternehmen und seinen Lieferanten. Das Lieferantenmanagement verfolgt mit Werkzeugen und Tools das Ziel, die eigene Wertschöpfungskette mit seinen Zulieferern wirtschaftlich und technisch zu optimieren. Neben unterschiedlicher Tools und Werkzeuge werden auch schlanke Prinzipien (Lean Management) zur Verbesserung der Lieferantenperformance eingesetzt. Nachstehend werden die Werkzeuge und Prinzipien vorgestellt, die im Lieferantenmanagement angewandt werden können.

16.1 Lean-Prinzipien anwenden

16.1.1 Kaizen: stetige Verbesserungen in kleinen Schritten

Der Begriff Kaizen ist japanisch und kann mit „Veränderung zum Besseren“ übersetzt werden. Das Hauptziel von Kaizen ist die kontinuierliche Verbesserung der Arbeitsbereiche, Prozesse und Produkte durch die Integration der Menschen in den betroffenen Bereichen (Kürble et al. 2016). Kaizen (改善) ist das Konzept kleiner Verbesserungen in kleinen Schritten (Ohno 1990).

Zentrale Elemente von Kaizen

- Kleine Schritte
- Niedriges Investment
- Keine oder geringe Risiken
- Einbindung der Mitarbeiter
- Kurzfristige Umsetzung
- Teamentscheidung
- Bottom-up-Ansatz

Kaizen bezieht alle Teammitglieder ein. Es bedeutet Verbesserung und kontinuierliche Verbesserung des persönlichen Lebens, des häuslichen Lebens, des sozialen Lebens und des Arbeitslebens. Auf den Arbeitsplatz angewendet bedeutet diese Philosophie eine kontinuierliche Verbesserung, an der alle beteiligt sind, d.h. Manager und Arbeitnehmer gleichermaßen (Kaizen-Institut 2019).

Die Prinzipien von Kaizen sind Kundenwissen und Transparenz. Somit ist es möglich, einen Prozess ohne größere Investitionen zu verbessern. Kaizen in jeder Organisation ist von grundlegender Bedeutung für eine erfolgreiche Kultur der kontinuierlichen Verbesserung und um einen Wendepunkt in der Weiterentwicklung von Qualität, Produktivität und Arbeitsmanagement zu markieren (Kaizen Institute 2019).

Das Lieferantenmanagement steuert Verbesserungen (Kaizen) und Innovationen mit Lieferanten.

Kaizen ist ein japanisches Managementkonzept und zielt auf Verbesserungen in kleinen Schritten ab. Kaizen bedeutet, dass von allen Mitarbeitern erwartet wird, dass sie ihre Arbeit einstellen, wenn sie auf eine Anomalie stoßen, und zusammen mit ihrem Vorgesetzten eine Verbesserung vorschlagen, um die Anomalie zu beheben (Bertagnolli 2020). Die Verbesserung sollte schrittweise und unendlich erfolgen. Es sollte die Perfektion verfolgen. Die Mitarbeiter sollten kontinuierlich am Leben des Unternehmens beteiligt sein und alle Aspekte des Unternehmens (Prozesse, Produkte, Infrastruktur usw.) verbessern. Diese Verbesserung in allen Lebensbereichen hängt mit der großen Aufmerksamkeit zusammen, die den Bedürfnissen und Anforderungen der Kunden gewidmet wird.

Kaizen konzentriert sich auf Teams (Qualitätszirkel), fördert Teamwork und Teamgeist, erkennt aber auch den individuellen Beitrag an. Es betont das Engagement jedes Mitarbeiters für das Konzept und die Vision des Unternehmens, damit sich die Mitarbeiter mit dem Unternehmen, seiner Kultur und seinen Zielen identifizieren können. Die wichtigen Aspekte von Kaizen sind:

- Was ist falsch? Nicht wer macht was falsch?
- Wie kann Verschwendung beseitigt werden?
- Wie kann ich falsche Abläufe korrigieren?
- Wie können Qualitätskosten gesenkt werden?

Normalerweise wird Kaizen durch Workshops realisiert. Ihre typische Dauer kann zwischen drei und fünf Tagen variieren. Ziel eines Kaizen-Workshops ist es, die Verbesserungen während des Workshops umzusetzen. Kaizen ist ein Rahmen, der den Wandel der Unternehmenskultur mit der täglichen Umsetzung der Prinzipien verbindet (Liker 2004). Die zehn Prinzipien von Kaizen können wie folgt beschrieben werden:

- Ablehnung des Status quo
- Sofortige Korrekturen, wenn etwas nicht stimmt
- Keine Akzeptanz von Ausreden
- Stetige Verbesserungen in allen Bereichen
- Abschaffung alter und traditioneller Konzepte
- Sparsamkeit und Wirtschaftlichkeit in allen Aktivitäten
- Befähigung aller Mitarbeiter zur Teilnahme an Problemlösungen
- Hinterfragung der Situation vor dem Treffen von Entscheidungen
- Einholung von Informationen und Meinungen mehrerer Personen
- Verständnis, dass Verbesserungen niemals aufhören

Ein nützliches Werkzeug im Kontext von Kaizen ist der PDCA-Zyklus in Bild 16.1. PDCA ist eine iterative vierstufige Managementmethode, die im Geschäftsleben zur Steuerung und kontinuierlichen Verbesserung von Prozessen und Produkten eingesetzt wird. Es ist auch bekannt als der Deming-Kreis oder Deming-Zyklus. Der PDCA-Zyklus wird seit den 1950er-Jahren als vereinfachte Darstellung der elementaren Schritte eines kontinuierlichen Verbesserungsprozesses anerkannt:

- Plan: Analyse der aktuellen Situation und Definition eines Verbesserungsplans
- Do: Implementierung der definierten Lösung
- Check: Überprüfung und Validierung der Verbesserungen
- Act: Definition von Gegenmaßnahmen bei Abweichung vom Ziel und Standardisierung der besten Lösung

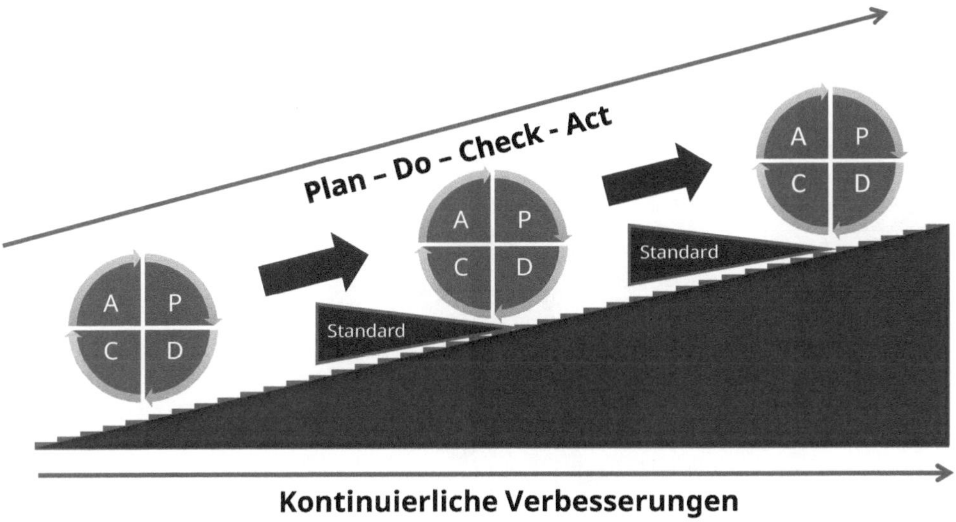

Bild 16.1 PDCA-Zyklus

Nach der Verbesserung ist es wichtig, die Aktionen und Verbesserungen zu standardisieren und zu implementieren, damit der Prozess oder die Aktivität nicht in den alten Zustand zurückkehren kann. Wenn dies gesichert ist, kann man die nächste Verbesserung anstreben. Unternehmen, die nach schlanker Exzellenz streben, führen gemeinsame Aktivitäten zu stetigen Verbesserungen mit Wertschöpfungspartnern wir Lieferanten, Kunden, Beratern und anderen Parteien durch (Helmold & Terry 2016). So ist eine ganzheitliche Betrachtung der gesamten Wertschöpfungskette möglich (Liker 2004).

16.1.2 Gegenstand der schlanken Produktion

Das schlanke Produktionssystem oder Just-in-Time-Produktionssystem (JIT) kann als ideale Kombination von vier Prinzipien beschrieben werden (Imai 1986). Diese Prinzipien sind das Null-Fehlerprinzip, das Ziehprinzip, das Taktprinzip und das Fließprinzip, wie in Bild 16.2 dargestellt (Helmold & Samara 2019).

Je geringer die Lagerhaltung, desto größer das Risiko bei Engpässen! Just-in-Time baut auf funktionierenden Lieferketten auf und lässt keinen Raum für Puffer.

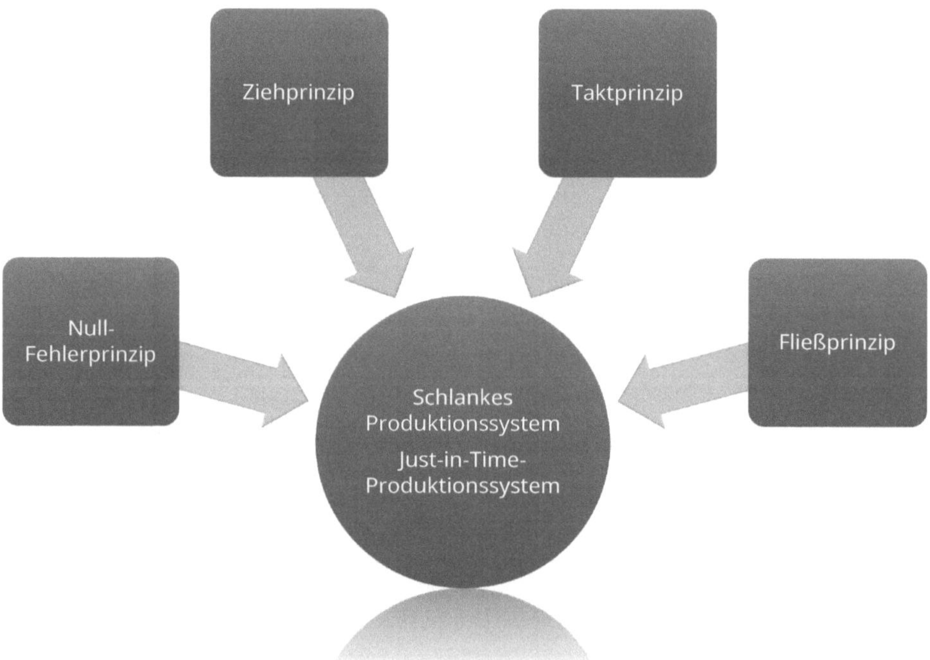

Bild 16.2 Prinzipien des schlanken Produktionssystems

16.1.3 Null-Fehlerprinzip

Grundgedanke für das Null-Fehlerprinzip (engl.: Zero Defects Concept) ist, dass es keine akzeptablen Fehlerquoten gibt und damit auch keine Nachbesserungen geben kann. Fehler werden nicht hingenommen, da jeder Fehler zu Zeit- und Kostennachteilen führt. Da die Forderung nach Null-Fehler unrealistisch erscheint, soll man sich dem Ziel durch ein Programm nähern. Man orientiert sich hierbei an der Kenngröße Fehler pro Millionen Möglichkeiten (ppm = parts per million).

Grundlage ist jedoch die Schaffung von optimalen Voraussetzungen. Damit eine Arbeit fehlerfrei ausgeführt werden kann, sind geprüfte und hochwertige Materialien, gut funktionierende und gewartete Maschinen sowie qualifiziertes Personal notwendig (Ohno 1990). Es zielt darauf ab, Menschen zu motivieren, Fehler zu vermeiden, indem sie einen ständigen, bewussten Wunsch entwickeln, ihre Arbeit gleich beim ersten Mal richtig zu machen.

In der Realität ist das Null-Fehlerprinzip nicht möglich, das Konzept stellt jedoch sicher, dass in einem Projekt kein Abfall vorhanden ist (Helmold & Terry 2016). Abfall bezieht sich auf alle unproduktiven Prozesse, Werkzeuge, Mitarbeiter und so weiter. Alles, was unproduktiv ist und keinen Mehrwert für ein Projekt bietet, sollte beseitigt werden, was als Prozess der Abfallbeseitigung bezeichnet wird. Die Beseitigung von Abfall führt zu einem Verbesserungsprozess und senkt dementsprechend die Kosten. Gemeinsam mit der Null-Fehler-Theorie ist das Konzept, „es gleich beim ersten Mal richtig zu machen“, um kostspielige und zeitaufwändige Korrekturen später im Projektmanagementprozess zu vermeiden.

Das Konzept der Null-Fehler basiert auf vier Hauptelementen für die Umsetzung in realen Projekten. Qualität ist ein Zustand der Gewährleistung der Anforderungen. Daher bedeutet Null-Fehler in einem Projekt, dass die Anforderungen zu diesem Zeitpunkt vollständig erfüllt werden:

- Beim ersten Mal richtig. Qualität sollte von Anfang an in den Prozess integriert werden, anstatt Probleme zu einem späteren Zeitpunkt zu lösen.
- Qualität wird finanziell gemessen. Man muss Abfall, Produktion und Einnahmen im Hinblick auf die Auswirkungen auf den Haushalt beurteilen.
- Die Leistung sollte nach den anerkannten Standards beurteilt werden, die so perfekt wie möglich sind.

16.1.4 Ziehprinzip

Unter dem Ziehprinzip (Pullprinzip, aus dem engl.: pull = ziehen) versteht man die Art und Weise, wie eine Produktion gesteuert wird. Man unterscheidet zumeist zwischen einer push- (drücken) oder einer pull- (ziehen) gesteuerten Produktion

(Kürble et al. 2016). In der Regel wird man beide Arten in jeder Firma finden, da eine Art alleine über alle Prozesse hinweg schwer umsetzbar ist.

Die sinnvollere Art ist die Pull-Steuerung, da hier bereits im Vorfeld ein Teil der möglichen Verschwendung ausgeschlossen wird. Beim Ziehprinzip wird der Bedarf direkt vom internen oder externen Kunden ausgelöst. Die ausgelöste Bestellung geht auf diese Weise rückwärts vom Endkunden bis zum ersten Arbeitsschritt. Jeder Teilprozess bekommt vom Folgeprozess den Auftrag zu produzieren. Der Folgeprozess fordert die notwendigen Teile mittels 5R- oder 7R-Methode an, wie Bild 16.3 zeigt. Arbeiten nach der 7R-Methode bedeutet das richtige Teil in der richtigen Qualität zum richtigen Zeitpunkt in der richtigen Menge am richtigen Ort mit den richtigen Mitarbeitern und den richtigen Kosten zu liefern.

Supermärkte sind ein Werkzeug der Produktionsplanung und -steuerung (Ohno 1990). Taiichi Ohno, der Erfinder der Ziehmethodik, übertrug den Gedanken vom Supermarkt auf die Produktionssteuerung. In einem Supermarkt nimmt der Kunde die Produkte aus den Regalen, die er benötigt, ohne zu warten oder ein Produkt zu beauftragen. Ist der Bestand der Ware im Regal niedrig, füllt ein Mitarbeiter das Regal aus dem Lager wieder auf. Nichts anderes passiert in Bezug auf die ziehende Fertigung. Auf dieser Grundlage der Fertigungssteuerung setzen dann weitere Optimierungen der Fertigungsprozesse auf. Hier orientiert sich der Fertigungsverantwortliche an den acht Arten der Verschwendung und maximiert den Wertschöpfungsgrad durch das Erreichen einer fließenden Fertigung. Im Optimalfall ist es ein Stück pro Produktionsintervall. Man nennt es auch EPEI (Every Part, Every Interval).

Kanban (Japan.: かんばん oder 看板) gehört zum Ziehprinzip und ist eine Methode der Produktionsprozesssteuerung. Kanban entstammt dem Japanischen und bedeutet „Karte“, „Tafel“ oder „Beleg“. Kanban ist eine Umsetzung des unter den Synonymen Hol-, Zuruf- oder Pull-Prinzip bekannten Steuerungsverfahrens. Das Vorgehen beim Kanban-Prinzip orientiert sich ausschließlich am tatsächlichen Verbrauch von Arbeitsmaterialien am Bereitstell- und Verbrauchsort. Kanban ermöglicht eine Reduktion der lokalen Bestände von Vorprodukten in und nahe der Produktion, die dort in Produkten der nächsten Integrationsstufe verbaut werden (Dickmann 2016). Ziel der Kanban-Methode ist es, die Wertschöpfungskette auf jeder Fertigungs-/Produktionsstufe einer mehrstufigen Integrationskette kostenoptimal zu steuern. Dabei erfolgen die Entnahmen aus den jeweiligen Pufferlagern und das Nachliefern in dieselben Pufferlager asynchron. Durch das Verteilen der Pufferlager in der Produktion entlang der Integrationskette wird mit einfachen Mitteln der Information und mit kurzen Wegen des Transports eine einfache Lösung erreicht. ■

Ziele (5R und 7R)	Beschreibung
1. Das richtige Teil	• Notwendiges Teil
2. In der richtigen Zeit	• Zum jetzigen Zeitpunkt
3. Am richtigen Platz	• An dieser Stelle
4. In der richtigen Menge	• Ein einziges Teil
5. In der richtigen Qualität	• Mit null Fehler
6. Mit den richtigen Mitarbeitern	• Qualifikation der Mitarbeiter
7. Zu den richtigen Kosten	• Optimale Kosten

Bild 16.3 7R-Prinzip

16.1.5 Fließprinzip

Beim Fließprinzip (oder Flussprinzip) muss der Prozess der Fertigungslinie so angeordnet werden, dass ein gleichmäßiges Fließen von Material möglich ist. Das Flussprinzip zeichnet sich insbesondere dadurch aus, dass es keine Staustufen (Puffer) zwischen den Bearbeitungsschritten gibt. Die Konsequenz ist, dass die Durchlaufzeit verkürzt wird, es keine Wartezeit, Staus oder Hektik im Prozess gibt, die Reaktionsgeschwindigkeit im Prozess steigt. Außerdem richtet sich das Layout des Unternehmens am Materialfluss aus (Bertagnolli 2020). Bild 16.4 zeigt drei unterschiedliche Flusstypen. Die Pfeile zeigen die Richtungen der Materialbewegungen. Der einfachste Weg, das Fließprinzip zu gewährleisten ist die linienförmige Produktionslinie. Darüber hinaus sieht man in schlanken Unternehmen die U-förmige oder diagonale Anordnung der Produktionslinien.

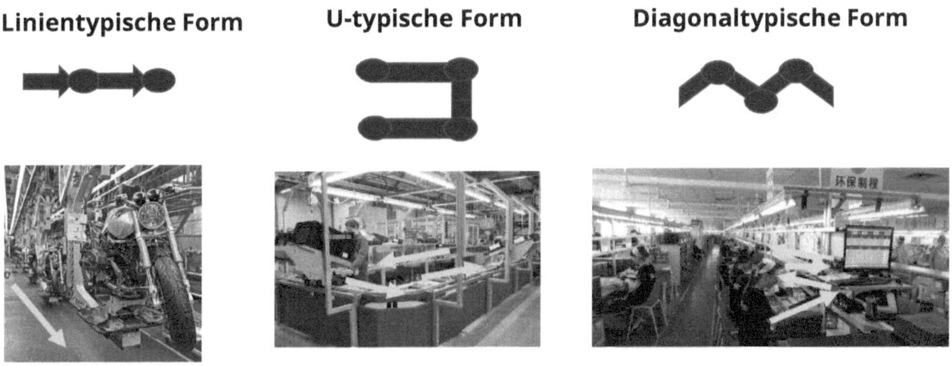

Bild 16.4 Flusstypen in der Produktion

16.1.6 Taktprinzip

Die Taktzeit ist in der Arbeitsablaufplanung und Arbeitsorganisation der Zeitraum, innerhalb dessen im Produktionsprozess Bauteile oder Fertigungsmaterial einen Arbeitsplatz verlassen und an einem nachgelagerten Arbeitsplatz desselben Betriebs weiterverarbeitet werden. Der Kundentakt (Taktzeit) wird bestimmt von der Nachfrage des Kunden, wie Bild 16.5 zeigt. Er gibt die Zeitspanne an, die für eine bestimmte Tätigkeit idealerweise in Anspruch genommen wird, um die Kundennachfrage genau zum richtigen Zeitpunkt (Just-in-Time) zu befriedigen. Zur Bestimmung der Taktzeit werden die verfügbare Zeit und die Kundennachfrage ins Verhältnis gesetzt. Sollte der Kunde beispielsweise 15 Stück eines Steckers in neun Minuten nachfragen, so berechnet sich die Taktzeit als 540 Sekunden (9 x 60 Sekunden) geteilt durch 15 Produkteinheiten. Alle 36 Sekunden muss ein Stecker in jeder Operation produziert werden, um die Nachfrage zu bedienen.

$$\text{Taktzeit (Kundentakt)} = \frac{\text{Verfügbare Produktionszeit}}{\text{Kundennachfrage (Menge)}}$$

$$\text{Optimale Mitarbeiteranzahl} = \frac{\text{Summe der Zykluszeiten}}{\text{Kundentakt (Takt)}}$$

$$\text{Linien-Effizienz LER: (Line Efficiency Ratio)} \quad \frac{\text{Summe aller Zykluszeiten}}{\text{Kundentakt (Takt) x Anzahl OP}} \times 100\,\%$$

$$\text{Linien-Ausgleich LBR: (Line Balance Ratio)} \quad \frac{\text{Summe aller Zykluszeiten}}{\text{Längste OP x Anzahl OP}} \times 100\,\%$$

Bild 16.5 Taktprinzip (OP = Operation)

16.1.7 Harmonisierung und Nivellierung des Produktionsflusses: Heijunka

Wörtlich übersetzt bedeutet Heijunka (平準化) in etwa Glätten und Harmonisieren des Produktionsprozesses. Die Basis dafür sind Marktanalysen und Prognosen über die zu erfüllende Menge auf Basis von Branchen- und Vergangenheitsdaten. Heijunka bildet damit die Basis für die zu erfüllende Kundennachfrage. Die Lean-Methode Heijunka wurde in den 1950er-Jahren von Toyota-Produktionsleiter Taiichi Ohno entwickelt und bildet die Grundlage der Produktionsmethoden Kanban sowie Just-in-Time (JIT). Ende der 1940er-Jahre konnte Toyota die Montage von Fahrzeugen immer erst am Monatsende durchführen, da man dann genügend Produktionsteile zur Verfügung hatte. Daher ist die Voraussetzung für die Produktionsplanung nach dem Prinzip von Heijunka eine Prognose über die wahrscheinlich verkauften Produkte der nächsten Perioden.

Um Heijunka erfolgreich umzusetzen, ist eine Art *Retrofit* (Optimierung) der Produktionsstätte unabdingbar. Maschinen und der *Materialfluss* selbst müssen einer wirtschaftlichen Prüfung standhalten und gegebenenfalls der Produktion nach Heijunka angepasst werden – das Fertigungsmaterial muss ohne große Zwischenlagerung durch den *Produktionsprozess* fließen, Losgrößen müssen verringert werden (Ideal: *Losgröße 1*). Auch die Arbeitskraft des Menschen fließt in die Planung mit ein. Nur so wird dem Trend zur Fertigung von individuell konfigurierten Produkten (Auftragsarbeiten) Rechnung getragen.

16.1.8 Intelligente Automatisierung: Jidoka

Der japanische Begriff Jidōka (自動化) bezeichnet eine „intelligente Automation" oder eine „Automation mit menschlichem Touch". Bei dieser Art von Automation werden einige Überwachungsfunktionen in Maschinen integriert, statt ihnen nur Produktionsfunktionen zuzuordnen. Die entscheidende Sichtweise von Jidoka liegt darin, die gefertigten Materialien im laufenden Herstellungsprozess zu kontrollieren, statt eventuelle Fehler erst im Nachhinein festzustellen. Dies ermöglicht eine intensive Ursachensuche der Probleme und kann kurzfristig Produktivitätseinbußen mit sich bringen, steigert aber langfristig die Zuverlässigkeit und damit auch den Profit. Jidoka fungiert als kosteneffizienter Zwischenschritt zu einer vollständigen Automation, bei der auftretende Fehler von der Maschine selbst nicht nur erkannt, sondern auch behoben werden. Dazu wird die Anlage mittels bestimmter Komponenten, wie beispielsweise Sensoren, befähigt. Alle Abweichungen vom Normalbetrieb (Anomalitäten) werden erkannt und wenn möglich selbsttätig ausgeregelt. Falls sich die Störung nicht beheben lässt, wird der Bearbeitungsprozess gestoppt und dies den zuständigen Mitarbeitern visuell signalisiert.

16.1.9 Shadow Boards

Shadow Boards helfen die Produktivität zu steigern und 5S umzusetzen. In den Schaumstoffeinlagen werden Werkzeuge übersichtlich und materialschonend aufbewahrt. Die Boards werden an das vorhandene Werkzeug angepasst, es ist keine Neuanschaffung nötig. Bild 16.6 zeigt das Beispiel eines Shadow Boards von Befestigungsteilen für die Klimaanlage der N700A-Serie, dem Hochgeschwindigkeitszug Shinkansen in Japan.

Bild 16.6
Shadow Board (Beispiel)

16.1.10 Andon

Andon (japanisch: アンドン oder あんどん oder 行灯) ist ein Konzept der schlanken Fertigung, das sich auf ein System bezieht, um Management, Wartung und andere Mitarbeiter über ein Qualitäts- oder Prozessproblem zu informieren. Das Herzstück ist ein Gerät mit Signalleuchten, die anzeigen, an welcher Workstation das Problem auftritt. Der Alarm kann manuell von einem Arbeiter mithilfe einer Zugschnur oder eines Knopfs oder automatisch von der Produktionsausrüstung selbst aktiviert werden. Das System kann ein Mittel zum Stoppen der Produktion enthalten, damit das Problem behoben werden kann. Einige moderne Alarmsysteme enthalten Audioalarme, Text oder andere Anzeigen.

Ein Andon-System ist eines der Hauptelemente der Jidoka-Methode, die Toyota als Teil des TPS entwickelt hat und daher jetzt Teil des Lean-Konzepts ist. Es gibt dem Arbeiter die Möglichkeit und darüber hinaus die Befugnis, die Produktion zu stoppen, wenn ein Defekt festgestellt wird, und ruft sofort um Hilfe.

Häufige Gründe für die manuelle Aktivierung des Andon sind Teilemangel, erzeugter oder gefundener Defekt, Fehlfunktion des Werkzeugs oder das Vorhandensein eines Sicherheitsproblems. Die Arbeit wird gestoppt, bis eine Lösung gefunden wurde. Die Warnungen können in einer Datenbank protokolliert werden, damit sie im Rahmen eines Programms zur kontinuierlichen Verbesserung untersucht werden können. Das System gibt normalerweise an, wo die Warnung generiert wurde, und kann auch eine Beschreibung des Problems bereitstellen.

Moderne Andon-Systeme können Text-, Grafik- oder Audioelemente enthalten. Audio-Warnungen können mit codierten Tönen, Musik mit unterschiedlichen Melodien, die den verschiedenen Warnungen entsprechen, oder aufgezeichneten verbalen Nachrichten erfolgen. Die Verwendung des Worts stammt ursprünglich aus japanischen Produktionsunternehmen und ist im Englischen ein Lehnwort aus einem japanischen Wort für eine Papierlaterne (Ima 1986). Bild 16.7 zeigt ein Beispiel des Andon-Konzepts. Produktionsbereiche werden farblich gekennzeichnet. Ein roter Bereich bedeutet im Regelfall, dass es in diesem Bereich Störungen gibt, die umgehend behoben werden müssen (Helmold & Terry 2021).

Bild 16.7
Andon (Beispiel)

16.1.11 Total Productive Maintenance (TPM)

Total Productive Maintenance (TPM) steht für die Pflege und Instandhaltung von Maschinen und Arbeitsmitteln. Auch dieses Prinzip gehört zu den Prinzipien, welche durch das Lean Management auf die gesamte Wertschöpfungskette angewandt werden müssen (Ohno 1990). Heute wird TPM auch als Total Productive Manufacturing oder Total Productive Management im Sinne eines umfassenden Produktionssystems interpretiert. TPM bezieht sich auf eine optimierte Inbetriebnahme, Wartung und Instandhaltung von Anlagen und Maschinen. Hier können Parallelen zu Kaizen oder Lean Production gesehen werden. Von der grundsätzlichen Idee her ist TPM ein Programm zur kontinuierlichen Verbesserung in allen Bereichen eines Unternehmens. Dabei geht es vor allen Dingen um die Jagd nach Verlusten und Verschwendung mit dem Ziel von Null Defekten, Null Ausfällen, Null Qualitätsverlusten, Null Unfällen usw. Hauptfokus liegt im Bereich der Produktion. Ziele des TPM sind:

- Autonome Instandhaltung: Der Anlagenbediener soll Inspektions-, Reinigungs- und Schmierarbeiten im ersten und in weiteren Schritten auch kleine Wartungsarbeiten selbstständig durchführen
- Geplante Instandhaltung: Sicherstellung der 100%igen Verfügbarkeit der Anlagen sowie Ausweisen von Kaizen-Aktionen durch die Instandhaltung
- Training und Ausbildung: Mitarbeiter bedarfsgerecht zu qualifizieren zur Verbesserung der Bedienungs- und Instandhaltungsqualifikationen
- Anlaufüberwachung: Eine nahezu senkrechte Anlaufkurve bei neuen Produkten und Anlagen zu realisieren
- Qualitätsmanagement: Realisierung des „Null-Qualitätsdefekte"-Ziels bei Produkten und Anlagen
- TPM in administrativen Bereichen: Verluste und Verschwendungen in nicht direkt produzierenden Abteilungen eliminieren
- Arbeitssicherheit, Umwelt- und Gesundheitsschutz: Die Umsetzung der „Null-Unfälle"-Forderung im Unternehmen

16.1.12 Gesamtanlageneffektivität (GAE)

Der Begriff Gesamtanlageneffektivität (oder englisch Overall Equipment Effectiveness bzw. Overall Asset Effectiveness, OEE) bezeichnet eine vom Japan Institute of Plant Maintenance erstellte Kennzahl. Sie ist eines der Ergebnisse im Zuge der jahrzehntelangen Entwicklung des TPM-Konzeptes. Mit ihr können auf einen Blick sowohl die Produktivität einer Anlage als auch deren Verluste dargestellt werden. Die GAE einer Anlage ist als das Produkt der folgenden drei Faktoren definiert:

- Verfügbarkeitsfaktor
- Leistungsfaktor
- Qualitätsfaktor

Ihr Wertebereich liegt zwischen 0 und 1 oder zwischen 0 % und 100 %. Die Definition der Kennzahl kann in keiner Norm nachgelesen werden. Sie wird sehr individuell auf das anwendende Unternehmen zugeschnitten. Dabei handelt es sich im Regelfall um einen länger andauernden Prozess, da im Unternehmen erst Verständnis für die Art des Denkens in den Kategorien Wertschöpfung und Verschwendung aufgebaut werden muss. Weiterhin gestaltet sich abhängig von den Anlagen bzw. Produkten die Erfassung der nötigen Basisdaten zur Ermittlung der Kennzahl u. U. als schwierig. Viele Unternehmen setzen daher auf spezielle Software zur Datensammlung, Auswertung und Analyse. Die Gesamtanlageneffektivität ergibt gemeinsam mit der Gesamtserviceeffizienz (OSE oder englisch Overall Service Effectiveness) die Overall Administration Effectiveness (OAE) eines Unternehmens. Unternehmen, die OEE als Metrik verwenden, haben Erfolg bei der Kombination mit allgemeinen Lean-Manufacturing-Programmen und auch als Teil von TPM-Systemen. Bei Verwendung von OEE mit diesen Systemen werden die Vorteile erheblich: Bild 16.8 zeigt ein Beispiel für die OEE. Leistungsstarke Unternehmen können eine OEE von mehr als 85 % erzielen. (Helmold & Samara 2019). In der Berechnung hat die OEE die Elemente Verfügbarkeit (83,3 %), Leistung (90,0 %) und Qualität (98 %). Basierend auf den tatsächlichen Zahlen ist es nun möglich, jede in den ineffizienten Kategorien zu optimieren. Die Verfügbarkeitsquote liegt unter 90 % und erfordert spezielle Maßnahmen zur Verbesserung.

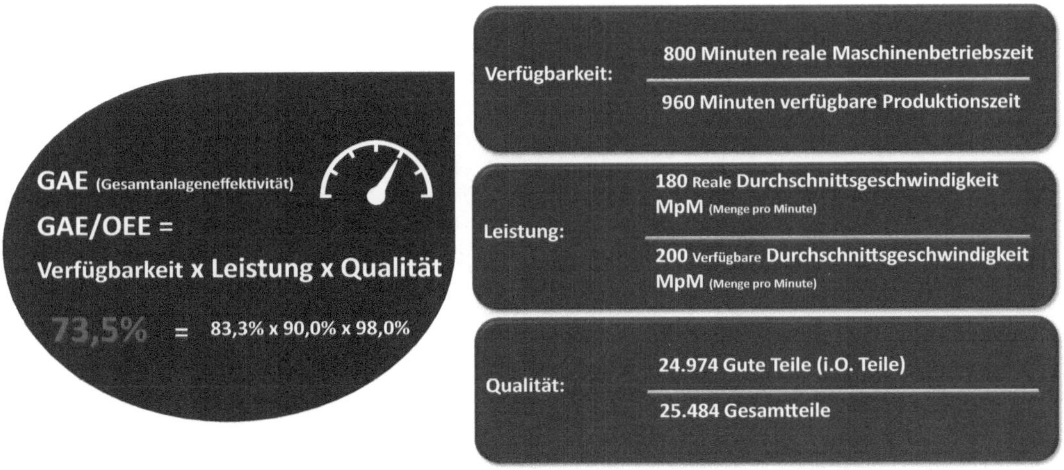

Bild 16.8 OEE (Beispiel)

16.1.13 Fehlervermeidung: Poka Yoke

Der japanische Ausdruck Poka Yoke (jap. ポカヨケ, dt. „unglückliche Fehler vermeiden") bezeichnet ein aus mehreren Elementen bestehendes Prinzip, welches technische Vorkehrungen bzw. Einrichtungen zur sofortigen Fehleraufdeckung und -verhinderung umfasst. Als Erfinder des Prinzips gilt Shigeo Shingō. Poka Yoke ähnelt als fehlervermeidendes Prinzip dem biochemischen Schlüssel-Schloss-Prinzip, das etwa bei der Duplikation der Erbinformation fehlerminimierend wirkt. Poka bezeichnet einen falschen Zug im Go oder Shōgi und im weiteren Sinne „dumme Fehler, Schnitzer" allgemein. Yoke stammt vom Verb yokeru ab, zu deutsch „vermeiden". Ausgangsbasis für Poka Yoke ist die Erkenntnis, dass kein Mensch und auch kein System in der Lage ist, unbeabsichtigte Fehler vollständig zu vermeiden. Mit Poka Yoke wird meist durch einfache und wirkungsvolle Systeme dafür gesorgt, dass Fehlhandlungen im Fertigungsprozess nicht zu Fehlern am Endprodukt führen. Dabei zielt Poka Yoke auf den Einsatz von meist technischen Hilfsmitteln. Diese Lösungen sind meist kostengünstig und sofort einführbar. Um auch ein weiteres Auftreten von einmal entdeckten Fehlern ausschließen zu können, wird Poka Yoke in Verbindung mit einer Inspektionsmethode, der Source-Inspection eingesetzt. Poka Yoke in Kombination mit der Source-Inspection ergeben die Methodik des Poka-Yoke-Systems. Formcodierung eines Telefonsteckers, um die falsche Montage zu verhindern. Poka Yoke ist in zahlreichen Prozessen bei der Produktion von Komponenten in vielen Unternehmen integriert. Aber auch im gesellschaftlichen Leben sehen wir, dass Poka Yoke durchaus Sinn macht. Poka Yoke wird eingesetzt, ohne dass es Menschen oft merken. Beispiele sind vielfach in das tägliche Leben integriert:

1. Züge werden bei Überfahren eines roten Signals (durch menschliches Versagen) automatisch abgebremst.
2. Zündschlüssel eines Autos lassen sich nur so einstecken, dass sie richtig in das Schlüsselloch passen.
3. Acetylenflaschen haben einen einzigartigen Bügelanschluss, um die gefährliche Verwechslung mit anderen Gasen zu verhindern.
4. CEE-Stecker haben je nach Spannung und Frequenz andere Farben und Kontaktanordnungen, um Verwechslungen zu vermeiden.
5. Jedes zu verbauende Bauteil muss vor dem Einbau per Barcode- oder RFID-Scan freigegeben werden.
6. Durch eine Pick-by-Light-Einrichtung wird Kommissionierungsfehlern vorgebeugt.
7. TAE-Telefonstecker lassen sich nicht verkehrt herum einstecken.
8. Bankautomaten geben in Deutschland das Geld erst heraus, wenn die Karte entnommen wurde. Dadurch wird verhindert, dass man die Karte vergisst.

9. SIM-Karten lassen sich aufgrund ihrer Form nur in der korrekten Ausrichtung im SIM-Kartenslot einlegen.
10. Positionssensoren an einer Presse lassen den Pressvorgang erst starten, wenn das Bauteil korrekt eingelegt ist.
11. Abfrage der Augenfarbe in Formularen für Kundenservicemitarbeiter, um Blickkontakt mit dem Kunden sicherzustellen.
12. Unterschiedlicher Durchmesser von Zapfpistolen an Tankstellen, um versehentliches Tanken des falschen Kraftstoffs zu verhindern.

16.2 Praktische Werkzeuge und Tools im Lieferantenmanagement

16.2.1 Sieben elementare Qualitätswerkzeuge (Q7)

Qualitätsbewusstes und schlankes Denken und Handeln ist für alle Unternehmen einer der zentralen Punkte zur langfristigen Sicherung der Wettbewerbsfähigkeit, des Unternehmenserfolges und der Sicherung von Arbeitsplätzen. Voraussetzung hierzu ist die Kenntnis von Qualitäts-Methoden und Qualitätswerkzeugen innerhalb der Lean Management Philosophie sowie ihre ständige Anwendung im Sinne der kontinuierlichen Verbesserung. Die folgenden Unterkapitel stellen eine Sammlung von Werkzeugen und Methoden des Lean Management dar, deren Anwendung sich langjährig in der Praxis bewährt hat (Porsche 2001). Die Anordnung der Qualitätsmethoden und Qualitätswerkzeuge entlang des Produktlebenszyklus und die Zuordnung zu den verschiedenen Phasen des Problemlösungsprozesses mit Zielen und Checklisten sollen dem Leser helfen, die für seine Probleme geeigneten Methoden und Werkzeuge schnell zu finden und wirksam anzuwenden (Porsche 2001).

Fehlersammellisten (Strichlisten)

Fehlersammellisten dienen der zweckmäßigen Erfassung und übersichtlichen Darstellung von Fehlern nach Art und Anzahl. Die erfassten Fehler können beispielsweise durch eine Pareto-Analyse weiter ausgewertet werden (Kamiske & Brauer 2011). Das Vorgehen bei Fehlersammelkarten ist folgendermaßen: Im ersten Schritt werden Fehlerarten und Betrachtungszeitraum festlegen. Für die spätere Auswertung der Liste werden im zweiten Schritt erforderliche Zusatzinformationen festlegen, wie z. B. Produktionsnummer, Bauteilbezeichnung, Ort der Fehlerentdeckung. Im letzten und dritten Schritt ist das Dokumentieren der Fehler und der zusätzlichen Informationen in der Fehlersammelliste notwendig. Um die Größe der Liste und somit die Übersichtlichkeit zu erhalten, können verwandte Fehlerarten in Kategorien zusammengefasst werden (Porsche 2001).

Histogramm

Das Histogramm ist eine grafische Darstellung der Häufigkeitsverteilung. Dabei werden Messwerte in Klassen eingeteilt. Es besteht aus Säulen, deren Breite die Klassenbreite und deren Höhe die Anzahl der auf die jeweiligen Klassen entfallenden Messwerte angibt. Durch diese Darstellungsform können bestimmte Verteilungsformen ermittelt und Rückschlüsse auf mögliche Ursachen für Abweichungen (Streuungen) gezogen werden.

Pareto-Analyse

Die Pareto-Analyse strukturiert die Fehler eines Problems (Teilprobleme eines Gesamtproblems) nach ihrer Häufigkeit. Grundlage ist die Erkenntnis, dass 70 % der Auswirkungen durch nur 30 % der Fehler verursacht werden. Die Pareto-Analyse liefert eine Aussage darüber, welche Fehler bzw. Teilprobleme zuerst bearbeitet werden sollten. Die Vorgehensweise erfolgt in sechs Schritten:

1. Auflistung und Sammlung der Fehler eines Problems
2. Ordnung der Fehler (z. B. nach Häufigkeit oder nach verursachten Kosten)
3. Auftragung der Fehler in absteigender Reihenfolge von links nach rechts in einem Säulendiagramm
4. Auftragung der Summenkurve (kumulierte Anteile der Fehler)
5. Analyse des Diagramms nach wesentlichen und unwesentlichen Fehlern und Bildung von Klassen (A, B, C)
    - Zur Klasse A gehören die wenigen wesentlichen Fehler, die zusammen ca. 70 % des Problems ausmachen
    - Zur Klasse B gehören die weniger bedeutenden Fehler, die ca. 20 % des Problems ausmachen
    - Zur Klasse C gehören die vielen, in ihrer Auswirkung unwesentlichen Fehler, die die restlichen 10 % des Problems ausmachen
6. Bearbeitung der Fehler der Klasse A

Korrelationsdiagramm

Die Korrelationsanalyse dient dazu, vermutete (statistische) Zusammenhänge zwischen zwei beliebigen, messbaren Merkmalen nachzuweisen bzw. zu verwerfen. Mithilfe grafischer Auswertungen wird untersucht, ob und wie stark ein linearer Zusammenhang z. B. zwischen einer vermuteten Fehlerursache und einem bestimmten Fehler besteht. Die Vorgehensweise erfolgt in vier Schritten:

- Festlegen der zwei Merkmale, zwischen denen ein Zusammenhang vermutet wird.
- Paarweises Erfassen der Werte der beiden Merkmale, d. h. Erfassen der Werte zum gleichen Zeitpunkt (bei zeitabhängig veränderlichen Merkmalen) bzw. an jeweils einem Objekt (bei objektabhängig veränderlichen Merkmalen).
- Darstellung der Wertepaare in einem xy-Diagramm.
- Interpretation des Zusammenhangs anhand des Diagramms. Dabei können folgende typische Fälle eintreten: starke positive oder negative lineare Korrelation.

Qualitätsregelkarte (QRK)

Die Qualitätsregelkarte, auch Control Chart genannt, dient der Überwachung von Fertigungsprozessen auf statistischer Basis. Dazu werden Daten, die bei der Prüfung von Stichproben aus einem Fertigungsprozess ermittelt wurden, in ein Formblatt mit Koordinatensystem eingetragen. Bei den Daten handelt es sich um Messwerte oder daraus errechnete Kennzahlen, die in Verbindung mit vorher eingezeichnetem Mittelwert sowie Warn-, Eingriffs- und Toleranzgrenzen zur Untersuchung und zur Steuerung des betrachteten Prozesses dienen.

Ursachen-Wirkungs-Diagramm (Ishikawa-Diagramm)

Das Ursache-Wirkungs-Diagramm (Ishikawa-Diagramm) stellt die Visualisierung eines Problemlösungsprozesses dar, bei dem analytisch nach den Ursachen eines Problems gesucht wird, indem Hauptursachen solange zerlegt werden, bis die Wurzel des Problems erreicht ist. Das Ursache-Wirkungs-Diagramm kann einen wertvollen Beitrag während der Ist-Analyse leisten. Es kann zur systematischen und ausführlichen Ermittlung von Problemursachen sowie zur Analyse von Prozessen dienen. Im Fall der Verwendung zur Prozessanalyse steht an der Spitze des Hauptpfeils statt des Problems das Ergebnis des Prozesses, während die einzelnen „Fischgräten“ oder „Äste“ die Aktivitäten hierarchisch geordnet darstellen. Die Methode kann allein oder als Gruppenarbeit durchgeführt werden, wobei die Vorteile gruppendynamischer Prozesse auch hier genutzt werden sollten. Der Einsatz im Rahmen von Organisationsuntersuchungen findet oftmals als Gruppenarbeit in Workshops statt. Durch das Hinzuziehen von Dritten wird eine vielseitige Betrachtung ermöglicht.

Brainstorming

Brainstorming ist eine von Alex F. Osborn 1939 entwickelte und von Charles Hutchison Clark modifizierte Methode zur Ideenfindung, welche die Erzeugung von neuen, ungewöhnlichen Ideen in einer Gruppe von Menschen fördern soll. Brainstorming ist die Abkürzung für „using the brain to storm a problem“, was im Deutschen so viel heißt wie „das Gehirn dazu verwenden ein Problem zu stürmen". Es ist also eine Methode Ideen von mehreren Menschen zusammenzutragen. Folgende Schritte müssen beim Brainstorming eingehalten werden:

- Formulierung des Themas
- Auswahl der Teilnehmer (empfohlen maximal sechs Teilnehmer)
- Bestimmung eines Moderators
- Sichtbare Darstellung des Themas als Satz
- Sammeln der Ideen, zunächst jeder Teilnehmer für sich
- Äußern der Ideen durch die Teilnehmer. Sammeln der Ideen durch den Moderator z. B. auf Flip-Chart, Folie, Wand
- Ergänzung weiterer Ideen (angeregt durch die vorgetragenen Ideen)
- Strukturierung der gesammelten Ideen in Gruppen
- Formulierung von Überschriften bzw. Kernaussagen zu den Gruppen
- Festlegung der weiteren Vorgehensweise

Bei Durchführung von Brainstorming gelten folgende Regeln:

- Möglichst viele Ideen finden! (Quantität vor Qualität!)
- Verständnisfragen sind erlaubt, Kritik ist verboten!
- Freies und spontanes „Spinnen" ist erlaubt! - Ideen anderer können aufgegriffen und weitergeführt werden.
- Bei Verwendung von Karten sollte für jede Idee eine Karte verwendet werden, dadurch ist die Strukturierung einfacher.

Die Sammlung und Darstellung der Ideen und Arbeitsergebnisse kann in Form eines Affinitätsdiagramms erfolgen.

16.2.2 Sieben Tools (7M) im Lieferantenmanagement

Affinitätsdiagramm

Ein Affinitätsdiagramm hilft dabei, meist ungeordnete Ideen und Lösungen übersichtlich und geordnet darzustellen. Bei der Erstellung des Affinitätsdiagramms gelten die Regeln des Brainstormings. Im Allgemeinen sollten komplette Sätze gebildet werden. Das Affinitätsdiagramm ermöglicht die Strukturierung von chaotisch vorliegenden Daten und Informationen. Daraus ergibt sich ein erstes Verständnis eines neuen oder bisher unübersichtlichen Themas. Es ist möglich, noch unbekannte Ideen und Zusammenhänge innerhalb des Themas zu finden und neue Lösungsansätze zu erarbeiten. Durch die Gruppierung der Informationen unter Überschriften wird deutlich, was unter den jeweiligen Begriffen in dem Team verstanden wird. Es werden so eventuell bestehende Kommunikationsprobleme beseitigt, da eine einheitlichere „Sprache“ benutzt wird. Nach dem Sammeln der Daten und Beiträge werden diese Sachgebieten oder Clustern zugeteilt. Es muss für jedes Cluster eine passende Überschrift erarbeitet werden, welche die Inhalte aller Karten beschreibt. Die Überschrift sollte ein ganzer Satz oder eine längere Beschreibung sein (Theden und Colsmann 2013).

Portfoliodiagramm

Ein Portfolio dient dazu, verschiedene Objekte (z. B. Produkte, Fehler, Lösungsvorschläge) nach zwei unabhängigen Merkmalen zu gruppieren und die Gruppen bildlich darzustellen. Die Merkmale können messbar oder klassiert sein (z. B. groß, mittel, klein). Für die Erstellung eines Portfolios müssen die zwei unabhängigen Merkmale festgelegt werden, nach denen die Objekte gruppiert werden sollen, und für die Objekte festgestellt bzw. berechnet werden. Anhand der festgestellten/berechneten Merkmale werden die Objekte in einem zweiachsigen Diagramm (xy-Diagramm) angeordnet und zu Gruppen zusammengefasst.

Baumdiagramm

Mit Hilfe eines Baumdiagramms lässt sich die hierarchische Aufgliederung eines Systems oder eines Problems in seine Bestandteile darstellen und eine vollständige Erfassung von Bestandteilen gewährleisten. Baumdiagramme können z. B. für die Aufgliederung eines Produkts in seine Baugruppen und Bauteile oder die Aufgliederung eines Projekts in seine einzelnen Teilaufgaben verwandt werden.

Matrixdiagramm

Das Matrixdiagramm dient der Ermittlung und Bewertung der Wechselbeziehungen zwischen den Bestandteilen zweier unterschiedlicher Systeme. Dazu werden die beiden Systeme in Form von Baumdiagrammen in ihre Bestandteile aufgegliedert und die beiden Baumdiagramme über Kreuz gegenübergestellt. In der sich ergebenden Matrix wird an den Kreuzungspunkten die Stärke des Zusammenhangs zwischen den gegenübergestellten Bestandteilen bewertet. Die Bewertung der Zusammenhänge erfolgt üblicherweise mit Punkten, z. B. 0 Punkte = kein Zusammenhang bis 9 Punkte = unmittelbarer Zusammenhang.

Netzplan

Mit Hilfe von Netzplänen lässt sich die zeitliche Reihenfolge und die Abhängigkeit von Teilprojekten bzw. Vorgängen eines Projekts bzw. Arbeitsablaufs darstellen. Damit lassen sich einerseits die Gesamtdauer des Projekts bzw. Arbeitsablaufs optimieren sowie die Zeitanforderungen für die einzelnen Teilprojekte bzw. Vorgänge und deren frühestmögliche bzw. späteste Anfangs- und Endzeitpunkte bestimmen.

Andererseits lassen sich zeitkritische Verknüpfungen von Teilprojekten bzw. Vorgängen aufdecken, die einer besonderen Terminüberwachung bedürfen. Zur Erstellung eines Netzplans werden alle zur Bearbeitung des Projektes bzw. Arbeitsablaufs notwendigen Vorgänge gesammelt, die notwendigen Zeiten festgestellt und auf Karten notiert. Die Karten werden spaltenweise an eine Tafel geheftet, wobei links die Teilprojekte bzw. Vorgänge angeheftet werden, die zu Projektbeginn (also ohne Vorgängervorgang) stattfinden können. Die nächste Spalte enthält die Teilprojekte/Vorgänge, die nach Abschluss der ersten Spalte stattfinden können usw. Sind alle Karten einsortiert, werden durch Verbindungspfeile zwischen den Karten die zeitlichen Zusammenhänge der Teilprojekte bzw. Vorgänge verdeutlicht.

Problementscheidungsplan

Der Problementscheidungsplan dient der vorbeugenden Identifikation möglicher Probleme in Projekten und der Erarbeitung und Zuordnung möglicher Gegenmaßnahmen. Damit wird erreicht, dass auch bei Eintritt ungünstiger Umstände das Projektziel erreicht werden kann. In einer Gruppe werden die notwendigen Tätigkeiten zur Erreichung eines Projektziels gesammelt, auf Karten notiert und z. B. in Form eines Baumdiagramms an eine Tafel geheftet. Zu diesen Tätigkeiten werden jeweils alle möglichen Schwierigkeiten ermittelt (z. B. mithilfe von Brainstorming) und geeignete Gegenmaßnahmen erarbeitet mit dem Ziel, wirkungsvolle Maßnahmen auszuwählen. Wo möglich, sollten die Gegenmaßnahmen bereits vor dem Auftreten des Problems im Projekt identifiziert und definiert werden.

Relationendiagramm

Das Relationendiagramm ermöglicht die grafische Darstellung eines zentralen Problems sowie dessen mögliche Ursachen. Ferner zeigt es mögliche Beziehungen der einzelnen Ursachen untereinander auf und gestattet durch „Klassifizierung" der einzelnen Elemente, eine gewisse Problemtransparenz zu schaffen (Koch, 2011). Das Relationendiagramm bietet eine geordnete Darstellung von Ursache-Wirkungs-Beziehungen zwischen verschiedenen Gesichtspunkten eines Problems. Es können so komplizierte Zusammenhänge aufgezeigt werden. Wichtige Punkte des behandelten Themas werden durch das festgelegte Vorgehen herausgearbeitet und nicht durch den Einfluss einzelner Teammitglieder festgelegt. Dadurch wird erreicht, dass alle Teammitglieder unter den wesentlichen Punkten des Problems das Gleiche verstehen.

16.3 Weitere Werkzeuge im Lieferantenmanagement

16.3.1 Design Thinking

Design Thinking ist eine systematische Herangehensweise an komplexe Problemstellungen aus allen Lebensbereichen. Der Ansatz geht weit über die klassischen Design-Disziplinen wie Formgebung und Gestaltung hinaus. Im Gegensatz zu vielen Herangehensweisen in Wissenschaft und Praxis, die von der technischen Lösbarkeit die Aufgabe angehen, stehen Nutzerwünsche und -bedürfnisse sowie nutzerorientiertes Erfinden im Zentrum des Prozesses. Design Thinker schauen durch die Brille des Nutzers auf das Problem und begeben sich dadurch in die Rolle des Anwenders. Design Thinking fordert eine stetige Rückkopplung zwischen dem Entwickler einer Lösung und seiner Zielgruppe. Design Thinker stellen dem Endnutzer Fragen und nehmen seine Abläufe und Verhaltensweisen genau unter die Lupe. Lösungen und Ideen werden in Form von Prototypen möglichst früh sichtbar und kommunizierbar gemacht, damit potenzielle Anwender sie - noch lange vor der Fertigstellung oder Markteinführung - testen und ein Feedback abgeben können. Auf diese Weise erzeugt Design Thinking praxisnahe Ergebnisse. Innovationen und wertvolle Problemlösungen vereinen drei wesentliche Komponenten:

- (Technologische) Machbarkeit
- (Wirtschaftliche) Tragfähigkeit
- (Menschliche) Erwünschtheit

Design Thinking nimmt die menschliche Perspektive zum Ausgangspunkt der Zielstellung, innovative Produkte, Services oder Erlebnisse zu gestalten, die nicht nur attraktiv, sondern auch realisierbar und marktfähig sind. Diese beruht auf drei wesentlichen Elementen:

- Multidisziplinäre Teams
- Design-Thinking-Prozess und Agilität
- Variable und flexible Räume

Multidisziplinäre Teams

Innovation und Antworten auf komplexe Fragestellungen entstehen am besten in einem heterogenen Team aus fünf bis sechs Personen. Unterschiedliche fachliche Hintergründe und Funktionen sowie Neugier und Offenheit für andere Perspektiven sind das Fundament der kreativen Arbeitskultur Design Thinking. Es ist zu empfehlen, dass in Design-Thinking-Workshops jedes Team von einem methodisch ausgebildeten Coach während des Prozesses begleitet wird. So können sich die

Teilnehmer auf die konstruktive Zusammenarbeit an Inhalten fokussieren und die gesteckten Ziele erreicht werden.

Um den größtmöglichen Lerneffekt zu erzielen, arbeiten die Teams immer auf anfassbare und konkrete Ergebnisse hin. Diese werden zudem regelmäßig mit den anderen Teams ausgetauscht. Die Aufteilung in kleine Gruppen stellt sicher, dass jede Perspektive berücksichtigt werden kann. Innerhalb der Teams entsteht ein starker Zusammenhalt, der durch die hohe Akzeptanz für die entstehenden Konzepte nachhaltig wirkt.

Design-Thinking-Prozess und Agilität

Der Design-Thinking-Prozess ist an einem Prozess gekoppelt, der von Entwicklern in der Praxis so umgesetzt wird. Er führt Teams in iterativen Schleifen durch sechs verschiedene Phasen (Bild 16.2).

- Verstehen: In der Phase des Verstehens steckt das Team den Problemraum und alle relevanten Kriterien ab, die für das Projekt entscheidend sind
- Beobachten: In der Phase des Beobachtens versetzen sich die Teilnehmer in die Position der Anwender und Nutzer
- Sichtweise definieren: In dieser Phase geht es darum, die Sichtweise zu definieren. Es werden die gewonnenen Erkenntnisse zusammengetragen und verdichtet
- Ideen finden: In der Phase Ideen finden entwickelt das Team zunächst eine Vielzahl von Lösungsmöglichkeiten, um sich dann zu fokussieren
- Prototypen entwickeln: Das anschließende Entwickeln von Prototypen dient der Entwicklung konkreter Lösungen, die an den passenden Zielgruppen getestet werden können
- Idee Testen: Der Prototyp muss getestet werden und der Erfolg der Idee muss validiert werden, sodass das Produkt in Reife gehen kann

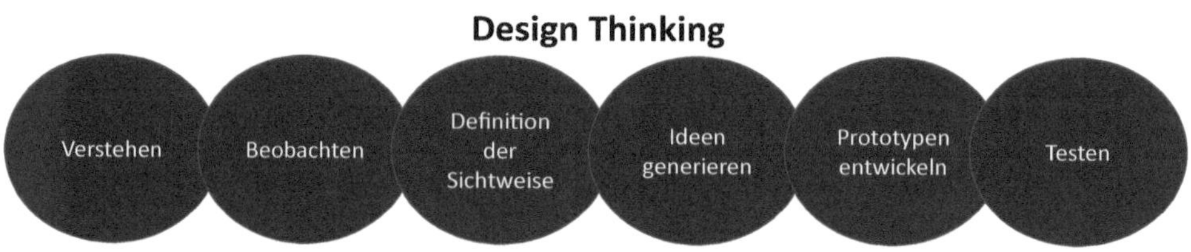

Bild 16.9 Prozess im Design Thinking

Variabler und flexibler Raum

Damit ein Team seinen Kreativprozess entwickeln kann, benötigt es dafür optimierte räumliche Gegebenheiten. Dazu gehören flexibel bewegbare Möbel, ausreichend Platz für Whiteboards und Präsentationsflächen sowie Materialien zur prototypischen Gestaltung von Ideen, beispielsweise Legosteine, Stoffe und Bilder. In den Workshops arbeiten die Design-Thinking-Teams zumeist an Steharbeitsplätzen für bis zu sechs Personen und sind jederzeit in der Lage, sich mit parallel arbeitenden Teams auszutauschen. Auf diese Weise wird die Zusammenarbeit zu einem dynamischen Erlebnis für alle Beteiligten.

16.3.2 W-Fragen

Die Fragetechnik dient der Eingrenzung eines Problems. Mögliche Problemursachen können gefunden und eingegrenzt werden. Die Prinzipien der Fragetechnik sind:

- sich im Vorfeld Gedanken zu machen, welche Informationen benötigt werden und entsprechende Fragen zu formulieren,
- eine strukturierte und umfassende Informationssammlung.

Fragen

- Warum? Informationen bzw. Daten werden häufig benötigt, um Probleme genauer analysieren zu können.
- Welche? Die Erforschung von Problemursachen erfordert die „richtigen" Daten. Allgemeingültige Hinweise, welche Daten gebraucht werden, können hier nicht gegeben werden. Zu bedenken ist, dass Daten wertlos sein können, wenn die Zuordnung zu Zeit, Ursache, Materialcharge usw. fehlt.
- Wieviel? Es ist festzulegen, welcher Datenumfang unbedingt erforderlich ist. Entscheidend zur Festlegung des Datenumfangs ist die eindeutige Interpretierbarkeit.
- Wo? Es ist festzulegen, an welchem Ort die Daten erfasst werden (zum Beispiel an welcher Maschine).
- Wer? Mitarbeiter, die Daten erfassen, müssen ausreichend qualifiziert und informiert sein.
- Wann? Der Termin für den Abschluss einer Untersuchung ist unter Berücksichtigung der Dringlichkeit und anderer Rahmenbedingungen festzulegen.

16.3.3 5 Why-Fragetechnik

Die 5 Why-Methode, auch 5-W-Methode oder kurz 5 Why beziehungsweise 5W genannt, ist eine Methode im Bereich des Qualitätsmanagements zur Ursache-Wirkung-Bestimmung. Ziel dieser Anwendung der fünf „Warum?"-Fragen ist es, eine Ursache für einen Defekt oder ein Problem zu bestimmen.

16.3.4 Flussdiagramm

Das Flussdiagramm dient der bildlichen Darstellung von Abläufen (Prozessen). Man erkennt z. B.:

- in welcher Beziehung verschiedene Prozessschritte zueinander stehen und wo eventuelle Problembereiche vorhanden sind
- überflüssige Arbeitsschritte und Schleifen bei denen Vereinfachungen oder Standardisierungen möglich sind
- Tätigkeiten, welche die Prozessleistung beeinflussen können
- Punkte, an denen weitere Daten gesammelt und untersucht werden können
- Verbesserungsmöglichkeiten beim Vergleich eines realen Prozesses mit einem idealen Prozessablauf
- Zuständigkeiten zu bestimmten Prozessschritten

16.3.5 Pro- und Kontralisten

Eine Pro- und Kontraliste ist eine Tabelle mit zwei Spalten. Eine Spalte bekommt die Überschrift „Pro“ und die andere die Überschrift „Kontra“. In der Pro-Spalte werden alle Vorteile, Chancen, und Argumente für die Entscheidung aufgelistet. In der Kontra-Spalte werden die Nachteile und Risiken aufgelistet. Eine Pro- und Kontra-Erörterung dient dazu, dass sich eine Gruppe intensiver mit einem Problem auseinandersetzt und die jeweiligen Argumente dafür oder dagegen transparent macht. Hierbei wägt das Team Argumente ab, die für oder gegen das Thema sprechen. Schlussendlich führt es dazu, dass man sich eine Meinung bildet und eine Entscheidung trifft.

16.3.6 Streifenliste

Ein Maßnahmenplan bzw. eine Streifenliste dient der eindeutigen Zuweisung von Aufgaben und der Überwachung der Bearbeitung von Aufgaben.

Vorgehen

1. Auflisten erarbeiteter Maßnahmen bzw. Lösungsvorschläge zur Problemlösung – dabei eventuell Aufgliedern der Maßnahmen bzw. Lösungsvorschläge in Teilaufgaben.
2. Festlegen eines Verantwortlichen zur Umsetzung der Maßnahmen bzw. Lösungsvorschläge sowie Terminen bis zur endgültigen und eventuell teilweisen Umsetzung (Meilensteine). Neben den Durchführungsverantwortlichen können auch Mitwirkende bestimmt werden.

3. Regelmäßiges Abfragen des Erledigungsstands (Status) der Umsetzung der Maßnahmen bzw. Lösungsvorschläge und Dokumentation im Maßnahmenplan bzw. in der Streifenliste. Bei Veränderungen des Erledigungsstandes ist der Maßnahmenplan zu aktualisieren. Terminverschiebungen oder sonstige Änderungen sind zu kommentieren.
4. Archivieren des Maßnahmenplans nach vollständiger und wirksamer Umsetzung aller Maßnahmen bzw. Lösungsvorschläge.

16.3.7 Komponententausch

Der Komponententausch ist ein Verfahren, um Bauteile und Baugruppen eines Produkts bzw. Prozesses zu ermitteln, die verantwortlich für Abweichungen eines bestimmten, messbaren Qualitätsmerkmals des Produktes bzw. Prozesses sind. Voraussetzung ist, dass ein baugleiches „gutes“ und „schlechtes“ Produkt bzw. ein baugleicher „guter“ und „schlechter“ Prozess vorhanden ist, welcher in einzelne Teile zerlegbar ist und die Unterschiede zwischen „gut“ und „schlecht“ deutlich sind.

16.3.8 Lessons Learned Systematik

Lessons Learned bedeutet aus vergangenen Fehlern und Erfolgen für zukünftige Projekte zu lernen. Lessons Learned ist die systematische Nutzung der bei aktuellen Fahrzeugmodellen gemachten Erfahrungen zur präventiven Fehlervermeidung bei nachfolgenden Projekten. Ziel ist die Erhöhung der Produktqualität und dadurch die Steigerung der Kundenzufriedenheit, sowie die Reduktion von Fehlerfolgekosten wie u. a. Gewährleistungs-, Serienbetreuungs-, Nacharbeits- und zusätzlichen Anlaufkosten.

16.3.9 Fehlerbaumanalyse (FTA, Fault Tree Analysis)

Die FTA (Fault Tree Analysis) – ist eine Q-Methode mit dem Ziel, eine Aussage über das Verhalten eines Produktes oder eines Fertigungsprozesses hinsichtlich des Auftretens eines zu definierenden Fehlers zu treffen. Die Fehlerbaumanalyse dient somit der systematischen Suche nach möglichen Ursachen für einen vorgegebenen Fehler. Der Schwerpunkt der Methode ist die Aufstellung eines Fehlerbaums – ausgehend vom Fehler –, bei dem jede mögliche Ausfallkombination betrachtet wird, die den Fehler verursachen könnte.

16.3.10 Statistische Prozesslenkung

Die statistische Prozesslenkung (auch statistische Prozessregelung oder statistische Prozesssteuerung, engl.: Statistical Process Control, SPC genannt) wird üblicherweise als eine Vorgehensweise zur Optimierung von Produktions- und Serviceprozessen aufgrund statistischer Verfahren verstanden. Im Rahmen von SPC stellen Qualitätsregelkarten (QRK) ein Werkzeug zur Analyse, Beurteilung und Lenkung von Fertigungsprozessen auf statistischer Basis dar. Durch den Einsatz der Qualitätsregelkarte werden entsprechende Signale für den Fall aufgezeigt, dass ein Prozess nicht länger als beherrscht bzw. qualitätsfähig bewertet werden kann (Porsche 2001).

SPC wurde von Walter A. Shewhart entwickelt. Die wissenschaftlichen Grundlagen wurden von ihm 1931 im Buch „Economic Control of Quality of Manufactured Product" umfassend hergeleitet und beschrieben. Ausgelöst wurde diese Arbeit durch die Absicht des Managements der Hawthorne Plant der Western Electric Company in Chicago, möglichst einheitliche und somit zuverlässige Produkte herzustellen. Der Versuch, dies mit Mitteln des gesunden Menschenverstandes zu bewerkstelligen, schlug fehl. In der Folge wurde Shewhart von den Bell Telephone Laboratories aus New York um Unterstützung gebeten.

Shewhart ging von der Vermutung aus, dass die Qualität des Endproduktes im Wesentlichen von der Kombination der Streuung der Parameter der Einzelteile abhängt. Als Ursache für diese Streuung fand er zwei grundsätzlich verschiedene Mechanismen:

- Streuung aufgrund von allgemeinen Ursachen (zufällige Abweichungen vom Mittelwert, die sich aufgrund eines stochastischen Prozesses ergeben)
- Streuung aufgrund von besonderen Ursachen (Materialfehler, Maschinenfehler, Konstruktionsfehler etc.)

Die zweite wichtige Erkenntnis von Shewhart war, dass nun bei dem Versuch, diese Streuung zu minimieren, zwei Fehler gemacht werden können:

- Fehler 1: Eine Abweichung einer besonderen Ursache zuweisen, obwohl sie von einer allgemeinen Ursache hervorgerufen wurde.
- Fehler 2: Eine Abweichung einer allgemeinen Ursache zuweisen, obwohl sie von einer besonderen Ursache hervorgerufen wurde.

Es kann zwar entweder der eine oder der andere Fehler komplett vermieden werden, aber nie beide gleichzeitig. Es musste also ein Weg gefunden werden, die Kosten der Fehlervermeidung zu minimieren. Umfangreiche statistische Untersuchungen und Theoriebildung führten Shewhart schließlich zur Entwicklung von control charts (dt. Qualitätsregelkarten) als optimales Werkzeug, um die gewonnenen Erkenntnisse in die tägliche Praxis umzusetzen.

Ihre erste industrielle Anwendung fand SPC im Zweiten Weltkrieg, wo sie bei der Herstellung von Rüstungsgütern angewendet wurde.

Später erkannte William Edwards Deming, dass sich diese Erkenntnisse und Werkzeuge auf alle Arten von Prozessen (Geschäftsprozesse, Verwaltungsprozesse etc.) mit den gleichen positiven Ergebnissen anwenden lassen. Diese Lehre fiel vor allem in Japan auf fruchtbaren Boden, wo sie unter anderem innerhalb des Toyota-Produktionssystem weiterentwickelt wurde. Heute wird die statistische Prozessregelung als Bestandteil eines Qualitätsmanagementsystems gesehen und begleitet als Serviceprozess den Kernprozess der Produktion oder Dienstleistung. Alle statistischen Methoden, die zur Überwachung und Optimierung des Kernprozesses dienen, werden unter dem Begriff statistische Prozesskontrolle zusammengefasst. Diese Methoden gehen über die verschiedenen Regelkartentechniken hinaus und schließen auch z. B. die Methoden der statistischen Versuchsplanung, die FMEA oder auch die Methodensammlung Six-Sigma mit ein. Größen der SPC fließen in Kunden-Lieferanten-Beziehungen als Prozessfähigkeitsindizes ein.

16.3.11 Mindmapping

Mindmapping ist eine vielseitige und populäre Kreativitätsmethode im Lieferantenmanagement, bei der es darum geht, Gedanken schriftlich in Bildern zu erfassen und zu strukturieren (Buzan & Buzan 2002). Das Ergebnis wird als Mind-Map bezeichnet. Mind-Maps helfen dabei, Wissen und Informationen zu ordnen und in Beziehung zu setzen. Eine Mindmap (auch Mind-Map, engl.: Mind Map; auch: Gedankenlandkarte, Gedächtnislandkarte) beschreibt eine von Tony Buzan geprägte kognitive Technik, die man z. B. zum Erschließen und visuellen Darstellen eines Themengebiets, zum Planen oder für Mitschriften nutzen kann.

16.3.12 Fehlermöglichkeits- und -einflusseinflussanalyse (FMEA)

Die Fehlermöglichkeits- und Auswirkungsanalyse (FMEA) ist der Prozess der Überprüfung so vieler Komponenten, Baugruppen und Subsysteme wie möglich, um potenzielle Fehlermodi in einem System und ihre Ursachen und Auswirkungen zu identifizieren. Für jede Komponente werden die Ausfallarten und die daraus resultierenden Auswirkungen auf das restliche System in einem spezifischen FMEA-Arbeitsblatt aufgezeichnet. Eine FMEA kann eine qualitative Analyse sein, kann aber auch auf eine quantitative Grundlage gestellt werden, wenn mathematische Fehlerratenmodelle mit einer statistischen Fehlermodus-Datenbank kombiniert werden (Tietjen & Decker 2020). Die FMEA bildete eine der ersten hochstrukturierten, systematischen Techniken zur Fehleranalyse. Es wurde Ende der 1950er

Jahre von Zuverlässigkeitsingenieuren entwickelt, um Probleme zu untersuchen, die sich aus Fehlfunktionen militärischer Systeme ergeben könnten (Bosch 2012). Es gibt drei Arten der FMEA:

- System-FMEA: Qualitative Bewertung von Produktentwürfen oder Produkten, bezogen auf die im Pflichtenheft festgelegten Anforderungen.
- Konstruktions - oder Design-FMEA: Qualitative Bewertung einer Produktkonstruktion in Bezug auf feste Funktionen.
- Prozess-FMEA: Qualitative Bewertung eines Prozesses, z. B. des Produkterstellungsprozesses.

Literatur

Bertagnolli, F.: (2018) *Lean Management*. Springer, Wiesbaden.

Bosch: (2012) *Qualitätsmanagement in der Bosch-Gruppe. 14. Fehler-Möglichkeits- und Einfluss-Analyse FMEA*. Robert Bosch GmbH | Stand 06.2012. Abgerufen am 5.8.2022. *https://assets.bosch.com/media/global/bosch_group/purchasing_and_logistics/information_for_business_partners/downloads/quality_docs/general_regulations/bosch_publications/booklet-no14-fehler-moeglichkeits-und-einfluss-analyse_de.pdf.*

Buzan, T.; Buzan, B.: (2002) *Das Mind-Map-Buch, Die beste Methode zur Steigerung Ihres geistigen Potenzials*. 5., aktualisierte Auflage. MVG, München.

Dickmann, P.: (2015) *Schlanker Materialfluss mit Lean Production, Kanban und Innovationen*. Springer, Wiesbaden.

Helmold, M.: (2020) *Lean Management and Kaizen. Fundamentals from Cases and Examples in Operations and Supply Chain Management*. Springer, Cham.

Helmold, M.; Samara, W.: (2019) *Progress in Performance Management. Industry Insights and Case Studies on Principles, Application Tools, and Practice*. Springer, Heidelberg.

Helmold, M.; Terry, B.: (2016) *Global Sourcing and Supply Management Excellence in China. Procurement Guide for Supply Experts*. Springer, Singapore.

Kamiske, G. F.; Breuer, J. P.: (2011) *Qualitätsmanagement von A - Z. Wichtige Begriffe des Qualitätsmanagements und ihre Bedeutung*. 7., aktualisierte und erweiterte Auflage. Hanser, München.

Koch, S.: (2011) *Einführung in das Management von Geschäftsprozessen: Six Sigma, Kaizen und TQM*. Springer, Wiesbaden.

Kuerble, P.; Helmold, M.; Bode, O. H. et al.: (2016) *Beschaffung-Produktion-Marketing*. Tectum, Marburg.

Lendzian, H.: (2016) Shopfloor Management. Nachhaltige Problemlösungen schaffen, in: Künzel, H.: (2016) *Erfolgsfaktor Lean Management 2.0. Wettbewerbsfähige Verschlankung auf nachhaltige und kundenorientierte Weise*. Springer, Wiesbaden.

Liker, J. K.: (2004) *The Toyota Way*. McGraw-Hill, Madison.

Ohno, T.: (1990) *Toyota Production System. Beyond large Scale Production*. Productivity Press, New York.

Porsche: (2001) *Porsche Quality Culture (PQC). Ein Taschenführer mit Qualitäts-Methoden und Qualitätswerkzeugen. Unternehmens-Qualität. Porsche Qualitätsmanagement Weissach.*

Theden, P.; Colsman, H.: (2013) *Qualitätstechniken*. Hanser, München.

Tietjen, T.; Decker, A.: (2022) *FMEA-Praxis. Einstieg in die Risikoabschätzung von Produkten, Prozessen und Systemen*. Hanser, München.

17 Abkürzungsverzeichnis

A-6	A-6 Verhandlungskonzept
AAA	American Arbitration Association
BME	Bundesverband Materialwirtschaft, Einkauf und Logistik
CISG	United Nations Convention on Contracts for the International Sale of Goods
DIN	Deutsches Institut für Normung
EI	Emotionale Intelligenz
EN	Europäische Norm
F & C	Finanzen und Controlling
FMEA	Fehlermöglichkeiten- und Einflussanalyse
HRM	Humanressourcen Management
ICC	International Chamber of Industry and Commerce
IFM	Institut für Mittelstandsforschung
IHK	Industrie- und Handelskammer
IPO	International Procurement Organisation
ISO	International Standardization Organisation
IU	Internationale Hochschule
JIT	Just in Time
JV	Joint Venture
KMU	Kleine und mittlere Unternehmen
LLK	Lieferantenlenkungskreis
LM	Lieferantenmanager
MEP	Margin Enhancement Plan
MGM	Materialgruppenmanagement

MKM	Materialkostenmanagement
PDCA	Plan, Do, Check, Act
PESTEL	Political, Economic, Social, Technological, Environmental, Legal Aspects
QKL	Qualität, Kosten, Logistik
QKLT	Qualität, Kosten, Logistik, Technik
ROP	Risks and Opportunities
SCM	Supply Chain Management
SPC	Statistical Process Control
SPOC	Single Point of Contact
SWOT	Stärken-Schwächen-Analyse
TCO	Total Cost of Ownership
T & L	Transport und Logistik
UN	United Nations
VMI	Vendor Managed Inventory
VO	Virtuelle Organisation
5R	5R-Prinzip
5S	5S-Konzept
7R	7R-Prinzip

18 Index

19 Der Autor

Prof. Dr. Marc Helmold (M. B. A.) ist Professor an der IU Internationale Hochschule am Campus Berlin für Betriebswirtschaftslehre, Strategisches Management, Lieferantenmanagement, Lean Management und Supply Chain Management (SCM). Vor seiner Berufung zum Professor war er in unterschiedlichen Führungspositionen bei namhaften Unternehmen in der Automobil- und Bahnindustrie tätig. Von 2002 bis 2006 hat er als Führungskraft im Rahmen eines gemeinsamen Projekts für Ford und Mazda in Japan gearbeitet und Aktivitäten (Lieferantenstrategie, -auswahl, -bewertung, -entwicklung, -integration und -controlling) im Lieferantenmanagement im höheren dreistelligen Millionen-Euro-Bereich durchgeführt. Neben der Tätigkeit in der Automobilindustrie war er von 2010 bis 2017 bei Bombardier/Alstom tätig. Hier war er Leiter der Hauptabteilung Einkauf und Supply Chain Management (SCM) mit einem Einkaufsbudget im höheren dreistelligen Millionen-Euro-Bereich. In China war er bei der gleichen Firma von 2013 bis 2016 als Geschäftsführer der China-Aktivitäten für das internationale Einkaufsbüro (engl: IPO, International Procurement Organization) und für den Vertrieb von Ersatzteilen in China verantwortlich. Insbesondere in Asien war die nachhaltige Berücksichtigung interkultureller Elemente bei allen Lieferantenmanagementaktivitäten notwendig. Die Projektvolumina beliefen sich auch hier im dreistelligen Millionen-Euro-Bereich. Das Einkaufs- und Vertriebsbüro hatte mehr als 75 Mitarbeiter an fünf Standorten in China. Seine Promotion hat er an der Universität zu Gloucestershire im Bereich des Lieferantenmanagements abgeschlossen. Im Jahr 2016 ist er zum Professor an der IU in Berlin berufen worden. Parallel hat er seine eigene Beratungsfirma MaHeLeanCon in der Prozessoptimierung gegründet. Im Rahmen dieser Tätigkeit führt Prof. Helmold Schulungen für Praktiker und Akademiker im Bereich von Lieferantenmanagement durch.